首都直下
南海トラフ地震に備えよ

鎌田浩毅

SB新書
654

はじめに

巨大な地震と津波が東北・関東地方を襲った東日本大震災より13年の時が経ちました。

２０１１年以降も熊本地震（２０１６年）や北海道胆振東部地震（２０１８年）など大きな地震が次々と発生し、２０２４年の元日には能登半島地震が起き多くの犠牲者が出ています。

自然災害は地震に留まらず２０１４年には活火山の御嶽山で噴火災害が発生しました。まず被害に遭われたすべての方々へ、心からお見舞いを申し上げたいと思います。

東日本大震災とさらに続く災害によって、私たちがいかに激しく動く大地に住んでいるかということを実感されているのではないでしょうか。多くの人が「日本は地震国」であることにあらためて気がついたと思います。インターネット上では「次に発生する大地震はどこか」「富士山噴火のリスクが高まっている」といった不安の声も多く目にします。

私は地球科学を専門とする科学者として、東日本大震災以降、メディアをはじめ実にたくさんの方から地震と噴火に関するご質問を受け、地球科学の観点から今後起きうる地震・津波・噴火について予測されている内容をくわしく解説し、疑問に一つ一つ答えてきました。

東日本大震災の翌年にあたる2012年に『地震と火山の日本を生きのびる知恵』（メディアファクトリー）を刊行し、これを読んだ方から講演依頼をたくさん受けました。その後2021年に改訂版の『首都直下地震と南海トラフ』（MdN新書）を出版し、何回も版を重ねるだけでなくAmazonでも180を超えるコメントをいただきました。

まず、首都圏に暮らす4434万人を襲う首都直下地震はいつ起きてもおかしくない状況です。また、２０３０年から２０４０年の間にはマグニチュード9クラスの南海トラフ巨大地震が西日本を襲うと予測されています。

そこで本書では、南海トラフ巨大地震に向けて内陸地震が増えている事実、再び活発になっている活火山の状況、日本海沿岸の地下に集中する「ひずみ」によって警戒が必要な各地の直下型地震など、最新の科学的知見を取り入れて、全面的に見直した改訂版を『首都直下 南海トラフ地震に備えよ』として上梓（じょうし）することになりました。

私ごとですが3年前に24年間勤めた京都大学教授を定年で退き、現在は京都大学名誉教授、京都大学経営管理大学院客員教授、龍谷大学客員教授という立場で引き続きアカデミアに留まり研究と教育に携わっています。

大学で日本列島の地下で起こっている状況から、近い将来に発生が懸念される激甚災害の予測を行うだけでなく、社会からの求めに応じて日本全国に飛び回って講演活動を続けているのです。

地球科学の視点で日本列島の状況を分析すると、我が国の危機管理に関する喫緊の課題として、首都直下地震、南海トラフ巨大地震、富士山噴火の3項目があります。南海トラフ巨大地震は東日本大震災より一桁大きな災害が予測される太平洋沿岸を襲う未曾有(みぞう)の地震なのです。くわしくは本文で解説しますが、いずれも日本の産業・経済・社会を直撃する激甚災害となることが確実視されています。

2011年の東日本大震災によって地震が頻発するようになっただけでなく、富士山を巡(めぐ)る状況も一変しました。まだ噴火が起こっていないことこそ幸いですが、我が国最大の活火山である富士山はいつ噴火してもおかしくない「スタンバイ状態」です。

さらに、こうした噴火の警戒が必要な火山は、桜島や伊豆大島をはじめとして日本に111個ある活火山の約2割にも達します。

巨大地震と巨大津波の発生が危惧されている南海トラフ巨大地震は、富士山の噴火と密接な関係にあります。これから日本列島では大きな地震が続き、火山の噴火が誘発されるでしょう。

しかし、本書は自然災害の恐怖を煽(あお)るものでは決してありません。実は、地球で起きる活動では、災害と恩恵が表裏一体の関係にあります。こうした両面を知っておくことは、目の前に迫る危機を避ける「心のゆとり」を持つことにつながります。すなわち、「災害を正しく恐れる」知識を身につけることで、落ち着いて自力で行動し、被害を最小限に抑えることができるのです。ここにこそ地球科学の力が発揮され、学問の力、すなわちイギリスの哲学者フランシス・ベーコン（1561〜1626）が説くように「知識は力なり」が実証されるのです。

もう一つ、本書で伝えたい大事なことがあります。近年、なぜ世界で自然災害が増えているかを地球科学特有の視座で考える、有効な「方法論」を知っていただきたいのです。

たとえば、日常の時間や空間の尺度と異なる「長尺の目」があります。こうした見方を持つことで、「科学にできることとできないこと」を峻別する知恵も生まれます。そして地球科学的なものの見方を持つことから、地球や自然との適切なつきあい方が見えてくるでしょう。それは取りも直さず、「私たちはどう生きるべきか」を模索する際にきわめて有用な視座を与えてくれるのです。

本書は地震や火山について初めて学ぶ読者にも苦労なく最後まで読み進められるように、わかりやすい図版を用いて徹底的に嚙み砕いて記述しました。日本の直面する次なる危機に備えて、本書がみなさんにとって未来への勇気と「動く大地の上で賢く生きるための方法序説」としてのご参考になれば幸いです。

2024年4月

鎌田　浩毅

首都直下 南海トラフ地震に備えよ 目次

第2章 想定以上の大災害となる首都直下地震

第4章　南海トラフ巨大地震が誘発する富士山噴火……127

第5章　災害、異常気象で世界はどう変わっていくのか……157

第6章 「これからの大災害」に不安を感じないために……181

序章 能登半島地震からわかったこと

日本列島への警鐘になった能登半島地震

日本海側の直下型地震で起きた大災害

2024年1月1日午後4時10分に石川県能登地方を震源とするマグニチュード（以下、M）7・6の地震が発生しました。志賀町（しかまち）で最大震度7が観測されたほか、東北地方から中国・四国地方まで広範囲に震度4の揺れが観測。さらに北海道から九州までの日本海の沿岸に津波が到達しました。気象庁は「令和6年能登半島地震」と名称を定め、政府は非常災害対策本部を設置し石川県は自衛隊に派遣要請を行いました。

まず、現在判明している被害の概要と発生メカニズムについて説明しましょう。地震による死者数は3月14日午後10時時点で241人と報じられ、2016年熊本地震の50人（家屋倒壊37人、土砂崩れ13人）を大幅に超え、2011年の東日本大震災以来の最多となりました。激しい揺れによって珠洲（すず）市、輪島市、七尾市では家屋の倒壊が相次ぎ、全壊した家屋は石川、富山、新潟の3県で8795棟を超えました。

さらに道路が寸断され、支援物資を届ける際に非常な困難を来しています。その他、液状化や土砂崩れなど地盤の被害が多岐にわたり、地震に伴って火災が複数地域で発生しました。震度6強を観測した輪島市の河井町朝市通りで出火した火災では約200棟が延焼。1995年の阪神・淡路大震災と同様に、初期消火が追いつかずに延焼する状況が生じたのです。

気象庁は石川県能登に東日本大震災以来となる大津波警報を発表すると、輪島港で1日午後4時21分に最大1・2メートル以上の津波を記録しました。大津波警報は1日午後8時半に津波警報に、また2日午前1時15分に津波注意報に切り替わりました。2日午前10時にすべての津波注意報が解除されましたが、その後も断続的に地震が続いています。

ライフラインの被害では、2日午後6時時点で石川県内の約3万3600世帯が停電し、能登空港では滑走路上に長さ10メートル以上にわたり深さ10センチメートルの亀裂が見つかり、滑走路が閉鎖されました。北陸地方の高速道路でも各地で亀裂と崩落が生じ、通行規制が続きました。石川県によると1月21日の午後2時時点で孤立状態は実質的に解消したと発表しましたが、石川県内では、輪島市と珠洲市のほぼ全域で断水が発生。「3月末までにおおむね解消する見通し」とされていましたが3月末時点で7860戸の断水が続いています。

群発地震が続いていた能登半島

気象庁によれば、震源の深さは16キロメートル、地震の規模M7・6と、この地域で記録が残る1885年以降で最大の規模でした。ちなみに、能登半島では数年前から群発地震が続き、2021年に震度5弱、2022年に震度6弱、2023年に震度6強を観測しているのです。

珠洲市周辺の地下には高温高圧の水などの「流体」があり、数年前から地下の断層面に浸入して地震を群発的に起こしています。こうした群発地震と今回の地震との関係は現在調査中です。

M7・6は直下型地震としてはかなり大きいもので、熊本地震（M6・5）の約5

倍、阪神・淡路大震災（M7・3）の約2倍のエネルギーを放出しました。国土地理院はM7・6の本震について地球観測衛星「だいち2号」の観測データをもとに地震前と後の地盤の動きを解析しました。能登半島全域で地殻変動が確認され、輪島市西部で3～4メートル隆起、珠洲市北部で1メートル隆起の変動が確認されました。

同じ手法で過去の地震と比べると、熊本地震では1～2メートル、2008年岩手・宮城内陸地震で1・5メートルであり、今回の地震は直下型地震としては非常に大きいものなのです。

このほかGNSS（衛星測位システム）の観測データから、輪島市で1・3メートル、穴水町で1メートル、珠洲市で0・8メートル、いずれも水平方向に西へ移動し、七尾市では北西へ0・6メートル動いていたことが確認されました。

急務を要する直下型地震の対策

航空写真では地盤が隆起して港が干上がっている様子が確認され、地殻変動で海岸地域が最大4メートルほど隆起しました。このように今回の地震によって能登半島側

図版序－1　能登半島地震の震源と海底活断層

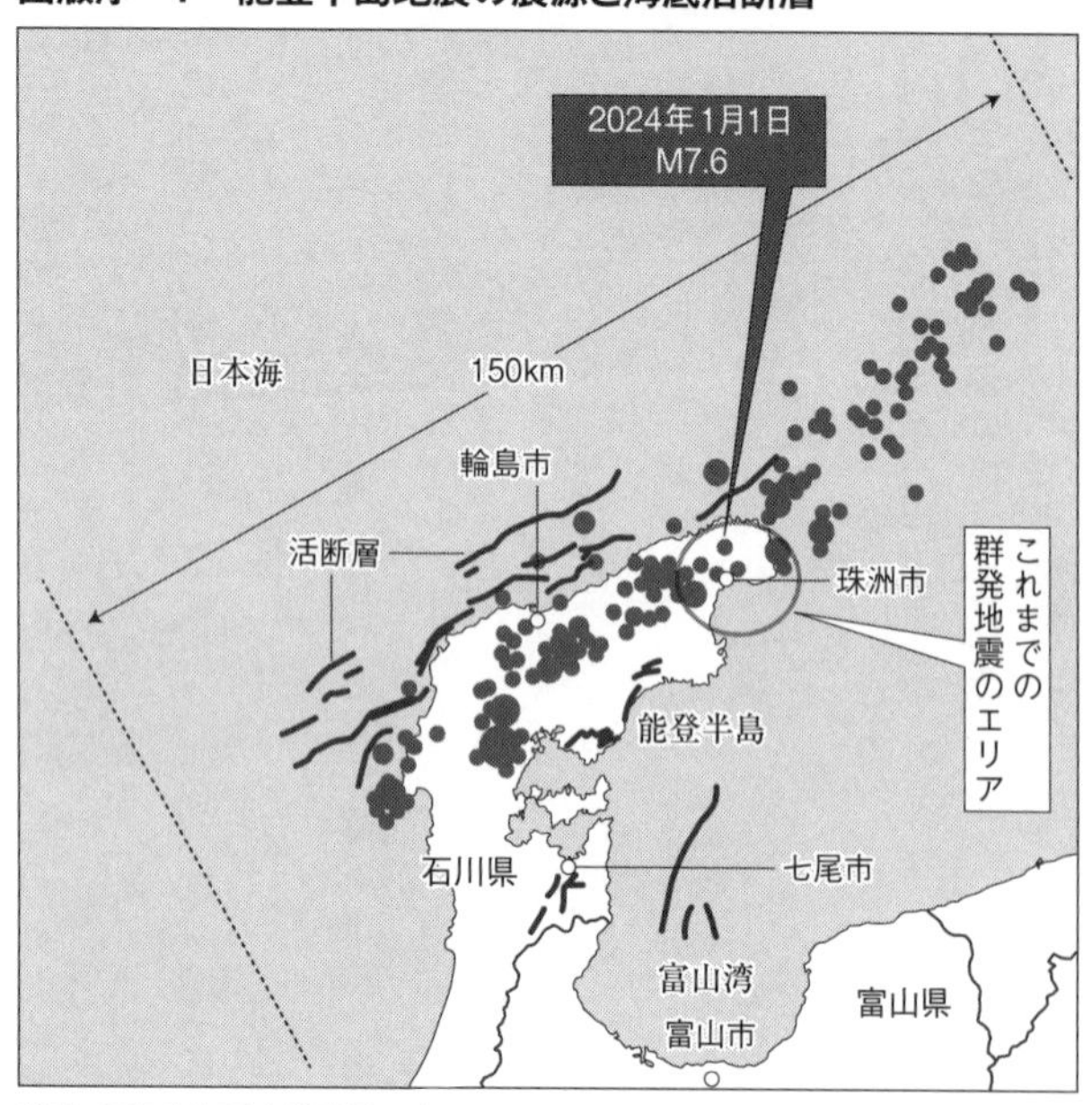

出典:気象庁と国土地理院による

の隆起が確認されましたが、これは1923年関東大震災の際に神奈川県三浦市の城ヶ島や房総半島先端部が隆起した現象と類似しています。

M7・6の本震後も数多く発生している余震の震央分布を見ると、能登半島から日本海にかけて北東－南西方向に直線距離で150キロメートルの広域に及んでいます。

くわしくは、第1章か

らの本編で述べますが、地震のメカニズムを解析すると水平方向に圧縮して生じる「逆断層」型で、南東に傾斜する断層面で地震が発生したと考えられます。

能登半島沖には複数の逆断層型の活断層の存在がありますが、今回の地震断層は既知の断層とまったく同一ではなく、知られている複数の活断層との関係については調査中です。

政府の地震調査委員会は、主要な活断層で発生する地震の規模と発生確率を予測したものを「長期評価」と呼び警戒していますが、今回の断層は評価対象に含まれていない地域で大きな地震が起きました。一方、国土交通省の「日本海における大規模地震に関する調査検討会（以下、検討会）」は海底断層で起きる津波断層モデルを検討しています。検討会が能登半島沖に設定した領域（断層長94キロ、断層幅19・7キロ、とF43断層で示されている）は余震の震央分布の範囲とほぼ一致します。今後は陸域と同様に海域で起きる地震の規模と発生確率の長期評価が早急に求められます。

今回の地震では耐震化が十分でない古い家屋が倒壊するなどの被害が目立ちました。また市街地に密集している建造物が延焼し広い地域まで燃え広がりました。

津波からの避難経路の確保をはじめとして、太平洋岸と比べると日本海側では地震対策があまり進んでいない地域が残されています。13年前の東日本大震災をきっかけとして「大地変動の時代」に入った日本列島では、活断層の周辺で起きる直下型地震の対策が全国にわたって急務なのです。

では、次章から日本列島の地震はどうして起きるのかをくわしく説明しましょう。

第1章

地震の活動期に入った日本列島

「大地変動の時代」に入った日本

3・11に起きたこと

２０１１年3月11日午後2時46分、東北沖を震源とする地震が発生しました。この地震は「東北地方太平洋沖地震」と気象庁によって命名されましたが、これは日本の観測史上最大規模というだけでなく、過去１０００年に1回起きるかどうかという、非常にまれな巨大地震でした（写真1）。なお、この地震による激甚災害を後に閣議で「東日本大震災」と呼ぶことが閣議で決まりました。

かつて宮城県沖では西暦８６９年に、貞観（じょうがん）地震という大地震が起きたことがあります。この地震に伴って大津波も発生し、１０００人の死者を出したのです。実は、貞観地震よりも東日本大震災のほうがはるかに大きく、文字どおり「有史以来」の超巨大地震が起きてしまったのです。

東日本大震災の特徴は、異常と見えるほど「余震」活動が激しいことでした。大きな地震が起きると、そのあとに同じ「震源域」で起こる余震という揺れが来ます。1995年に起きた阪神・淡路大震災のときも、そうでした。

最初の一撃の大きな揺れで家が壊れ、人生で経験したこともない災害が襲ってきます。その後追い打ちをかけるようにやってくる余震は、人々の心を疲弊させていきます。

写真1　2011年3月11日の東北地方太平洋沖地震の被災状況

巨大津波により11,000を超える建物が破壊された（写真：iStockphoto）

普通、余震と呼ばれる揺れは、最初に来た「本震」よりも小さいものです。東日本大震災も本震よりも大きな余震は来ていません。

しかし、この余震の数が、いままで私たちが経験してきたものよりも非常に多いのです。そして何よりもみなさんに精神的ストレスを与えたのが、その期間の長さだったのではないでしょうか。

地震直後は、余震が起こるたびに緊張が走った方も多かったでしょう。やがて震度3程度では、「あっ、また揺れている」程度にまで慣れてきたかもしれません。

しかし、余震が数か月にも及んでくると、体が揺れを感じるたびに緊張し、目まいやストレスによって体調を崩した方も多くいたはずです。普通の生活に戻りたくとも、いまだに余震が来るたびに体が覚えた怖い感覚を思い出す人もおられるでしょう。

東日本大震災の本震は、M9・0という途轍（とてつ）もなく大きなものでした。そのために余震ですら、M7・0という大きなものが発生しています（図版1－1）。

このM7・0の地震というのは、一つだけが単独で起きた場合は「○○大震災」と名前が付けられるほどの大きな地震です。ちなみに我々研究者が予測していた発生確率99％の宮城県沖地震では、M7・5の地震を想定していました。

それほど大きな余震も、2011年のM9・0という本震の大きさに飲み込まれてしまいました。しかし、たとえ気象庁や地震学者がデータに「余震」として記載しようとも、その場でM7・0の地震を体感された方の恐怖ははかりしれないものであっ

図版1−1　東日本大震災の震源とプレートの位置関係

1000年に1回の巨大地震が起きた。 今後は、引き続き余震域で起きる地震と、北米プレート上の内陸で起きる直下型地震と活火山の噴火に注意する必要がある。

(地震発生の日付はいずれも2011年3月)

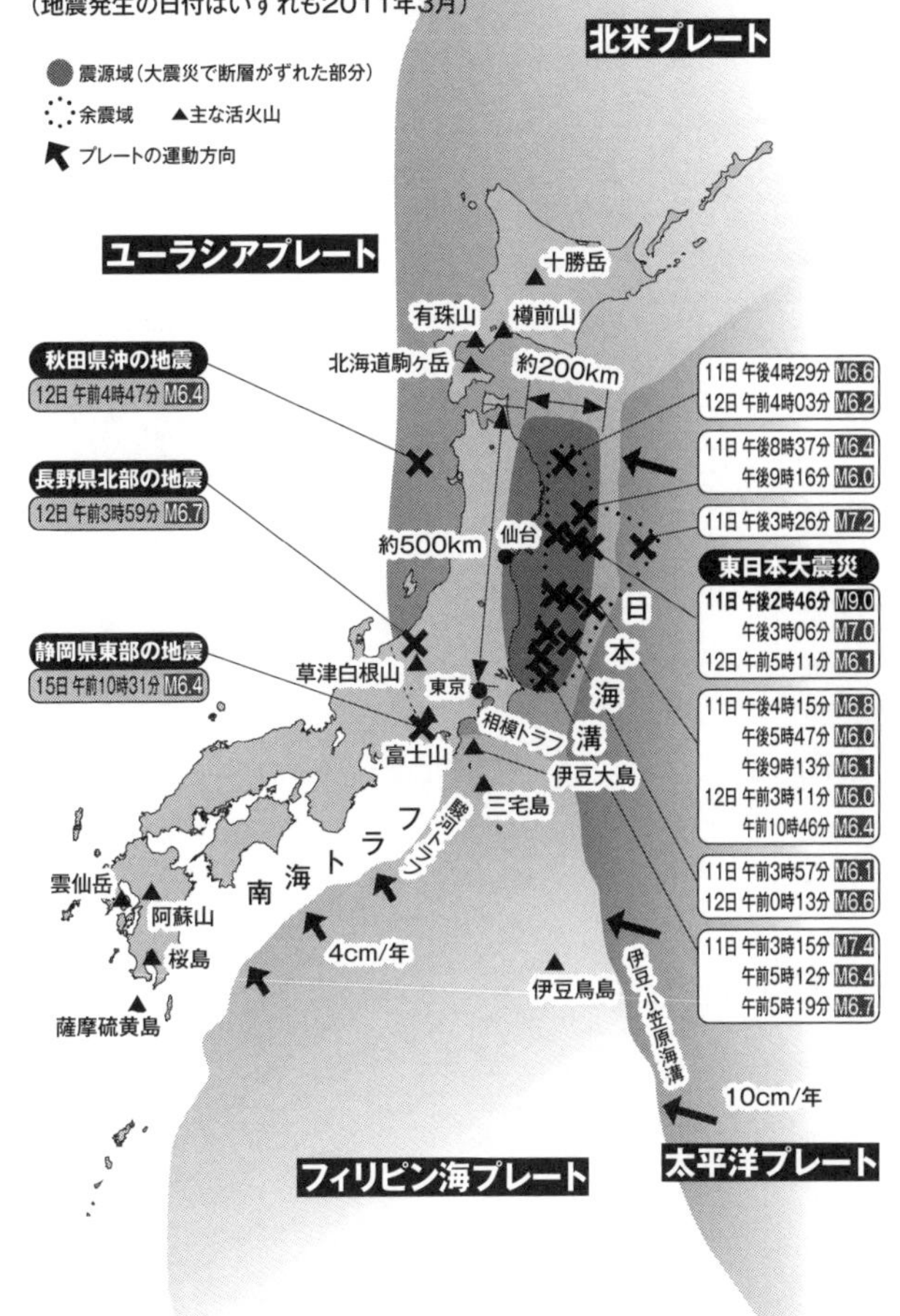

たはずです。

M7クラスの地震は、直下で発生すると「震度6強」という激しい揺れをもたらします。なお、マグニチュードと震度の違いについては、あとでゆっくりお話ししましょう。

13年以上経ったいまでも続いている余震

普通、余震は1週間ぐらいで少なくなっていきます。しかし、東日本大震災の余震は、その後も続いています。たしかにSNSなどで「最近、とくに地震が多い」といった投稿を目にしますし、千葉県東方沖では地震が頻発しています。

私たち地球科学者は、余震が終わったとはまったく思っていません。むしろ、最大の余震がまだ来ていないことを危惧しています。自然災害はいつも新しい顔をしてやってくるものです。

本震のマグニチュードから1引いたものが余震で来ることを、私たちは過去に蓄積された膨大なデータから知っています。つまり、東日本大震災がM9・0であったので、最大M８クラスの余震がこれから来るのです。

地球科学は地球全体を相手にしている学問です。日本で起こったことは、世界中どこででも同じように条件がそろえば起こります。今後の予測は、世界中に設置された観測機器の詳細な分析から、次々と出されるでしょう。

私が専門とする地質学には「過去は未来を解く鍵」という言葉があります。何億年も前から堆積した地層を研究することで、何億年も先の地球を予測する重要な「キー」が得られるのです。

これらから自然災害だけでなく現在世界中で問題となっている地球環境問題の行方を、過去のデータから導き出すことができます。銀河系や太陽系も含めて、地球を取り巻く種々の変動を解読すれば、将来をかなりの程度まで予測できるのです。

こうした意味で地球科学は、人類が今後どのような環境をつくればよいかに関する重要なメッセージを与えてくれるのです。「大地変動の時代」の始まったいまこそ、この「知恵」や「過去の教訓」を生かして、日本列島での暮らし方を工夫してみたいと思います。

東日本大震災とスマトラ島沖地震

東日本大震災は大変な被害をもたらし、いまでも余震が続いています。

実は、東日本大震災ととてもよく似た巨大地震が、2004年の冬にスマトラ島沖で起きました。地震の強さを表すM9・1という、きわめて破壊的な地震でした（図版1—2）。

ほぼ同時に巨大な津波も発生し、インド洋の全域で23万人を超える犠牲者を出したのです。津波の映像が全世界を駆けめぐったので、記憶に残っておられる方も多いかと思います。

おそらくあれほど鮮明な津波の映像を、カメラが捉えたのは初めてかもしれません。これらはたまたま家庭用ビデオを持っている人が撮影した映像でした。津波をテレビカメラで撮るには、通常その現場にプロのカメラマンがいなければなりません。しかし、スマトラ島沖地震では、アマチュアの人々が撮った多くの映像をテレビ局が集め、その中から貴重な映像を選んで世界に配信したのです。

図版1―2　プレート配置と巨大地震の震源地

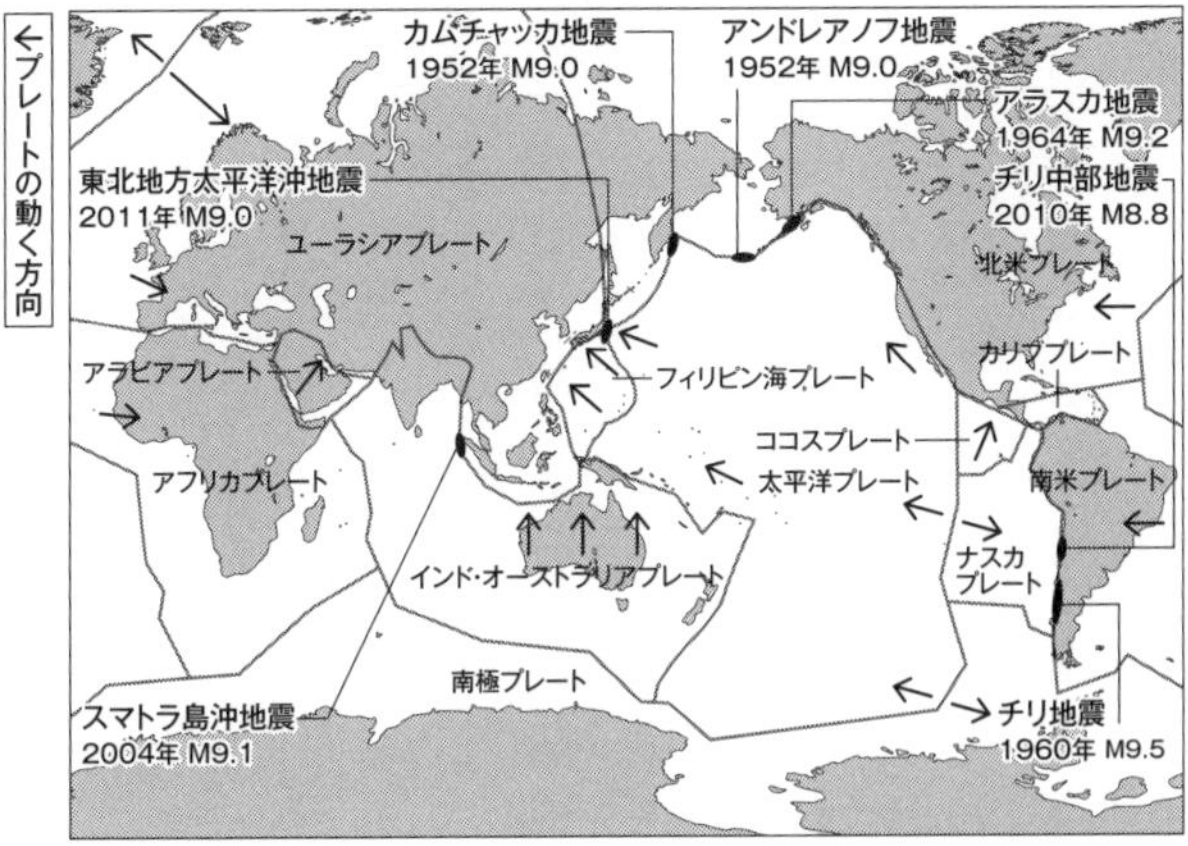

かつて私は、テレビ局のプロデューサーに「テレビにしかできないことは何ですか？」と尋ねたことがあります。彼は即座に答えてくれました。ちょうど福岡で大きな地震が起こり、高層ビルの窓ガラスが大通りに落下する映像が流れた直後のことでした。

「テレビにしかできないことは、尖ったガラスがビルから落下する様子の放送です。すぐ横をサラリーマンが歩く映像。そこから伝わる恐ろしさと臨場感は、テレビにしか出せない」と彼は私に話してくれました。

なるほど、地震で地面が揺れている最中の映像は、ほとんど撮れないでしょう。割れた窓ガラスが降りそそぐ衝撃的な現場は、本や新聞などの文字媒体ではなかなか伝わりません。

また別のプロデューサーは、こんなことを言っていました。「地味な内容でも見ごたえのある映像があると、ニュースになるのですが……」

つまり、テレビのニュースは、画面を見ている視聴者に強烈な印象を与えるものだけが流されているのです。

言ってみれば、毎日の分刻みの時間割りの中で、他の映像よりもインパクトで勝ったものだけが放映される、という性格を持っているのです。その意味で2004年のスマトラ島沖の津波の映像は、全世界を駆けめぐるに値する映像だったのでしょう。

しかし実は、あのM9・1のスマトラ島沖地震のあと、スマトラの地で何が起きたかは大きく報道されていません。そのためみなさんは、報道されたあの地震と津波ですべてが終わった、と思われているかもしれません。人は自分に身近な情報はどうしても過大評価し、自分が知らない情報は過小評価してしまうものだからです。

実際には、決してそれだけではありませんでした。そのあと現在に至るまで、地殻の変動は一向に衰えていないのです。私の専門である地球科学の観点からも、その後にインドネシアで起こったさまざまな大地の動きは、驚くべきものでした。

具体的に述べてみましょう。スマトラ島沖地震の3か月後の2005年3月28日、スマトラ島の近くで、M8・6の巨大地震が起きました。本震であるM9・1の震源域の内部でも余震はたくさん起きたのですが、同時に南へ大きく広がった場所で地震が起きたのです。

M8クラスの地震と言えば、それだけで巨大地震そのものです。それがわずか3か月後に起きたことに、我々地球科学の専門家は仰天しました（鎌田浩毅著『京大人気講義 生き抜くための地震学』ちくま新書参照）。

さらに、震源域の南方への拡大は7年後まで断続的に続き、2010年10月にはM7・7の地震、2012年1月にはM7・3、2023年4月にはM7・1の地震を起こしました。こうした事実が、巨大地震を理解するためのベースとして現在でも次々と蓄積されつつあるのです。

ありあまる東日本大震災のエネルギー

東日本大震災のあと、「大きなエネルギーが解放されたから、もうエネルギーは残っていないのではないか」というご質問をしばしば受けました。しかし、それはまったく違います。

この地震は、いわば「寝ている子を起こして」しまったようなものです。プレートに溜まったエネルギーは、震源域を次々と広げながら今後も解放される可能性が高いのです。

ここで忘れてはならないのが、海域で大きな地震が起きたら、再び大津波が襲ってくるということです。たとえば、M7台後半の余震でも、高さ3メートル以上の津波を発生させます。特に、東日本大震災のあとで地盤が沈下した太平洋沿岸部では、新たな被害が出る恐れがあります。

たとえば、岩手県から千葉県までの沿岸部では、これまで最大1・6メートルも地盤沈下が発生したのですが、その回復には数十年を要します。この点でも、引き続き余震に対する厳重な警戒が必要なのです。

さて、スマトラ島沖地震の震源域が拡大した事実は、東日本大震災の今後の予測に役立ちます。実は、日本列島の太平洋岸でも、過去に震源域が拡大した例があるのです。

江戸時代の1677年、房総半島沖の海域でM8・0の地震が大津波を伴って発生しました。延宝房総沖地震と呼ばれている巨大地震ですが、500人を超える犠牲者が出ました。津波の堆積物の調査からは、千葉県の太平洋岸に最大8メートル以上の高さの津波が押し寄せたこともわかっています。

そのため、東日本大震災の影響として、これと同じような被害が出る可能性がある震源域のすぐ南側に当たる房総半島沖での地震が非常に心配されているのです。

実は、震源域の拡大は、南の方向だけとは限りません。北方に当たる三陸沖の北部へ広がる可能性もないわけではありません。その東には、同じように巨大地震を繰り返し起こしてきた十勝沖の想定震源域が接しています。実際ここでは、1952年にM8・2、また2003年にM8・0の巨大地震が起きています。

太平洋プレートという同じプレート上の変動である以上、南側も北側も岩盤が割れていく可能性は否定できないのです。現在、太平洋岸と海底に置かれた観測点から送られた膨大なデータを解析する作業が進行中です。

予測結果が出るのが早いか、次の大地震が起きるのが先か、それはわかりません。しかし、たとえ計算結果が早く出ようとも、地震を回避することは絶対に不可能であることも事実です。

日本列島に暮らす我々は、スマトラ島沖地震の事例を参照して、いずれ必ず起きると考えて準備しておかなければなりません。今後、最大Ｍ８クラスの地震が海で新たに発生すれば、地震動と大津波の両方による大災害が再発する恐れは消えていないのです。

科学で災害は防げるのか？

ところで、科学的な予測に関して、雪を研究した物理学者でエッセイストの中谷宇吉郎博士（１９００～１９６２）が、興味深いことを書いています。科学の知識が災害を防ぐか否か、という現代にも通じる問題です。

《山崩れがあって、人夫が死んだというような場合に、よく科学的な知識がなかったからといわれるが、これはかなりむつかしい問題なのである。ということは、たとえば大学で地盤や地質のことをよく研究した人、あるいは河川学の権威といわれるような学者が、その場所にいたら、そういう事故に遭う心配は絶対になかったかといえば、必ずしもそうとはいえない。予期されない問題に対しては、科学は案外無力であるからである》（『科学の方法』岩波新書より）

山崩れのような突発災害は、思わぬ場所で起きることが多いので、専門家も巻き込まれることがあります。といって、科学はまったく役に立たないものではありません。

《ただ科学の効果というものは、こういう予期されない問題についても、その範囲をだんだん狭めていくというところにある。そういう意味では、非常に強力なものであって、科学の力によって災害を減らすことはできる》（同書より）

そこで中谷博士は、科学の適用範囲をよく考えながら使うことを提案します。

《それには統計の観念を常にもっている必要がある。すなわち山崩れが起き得る条件になった時に、仕事を止めて避難する。しかし起きない場合も、もちろんある。その時に科学の悪口をいってはいけないのであって、科学の力は統計的な面において発揮されるのである》（同書より）

私は中谷博士の見方に賛成です。科学を信奉するのでも拒否するのでもなく、冷静に科学が有効である場合を見きわめるのです。そして、苦手とするところに対しては、過度の期待を持たないようにも心がけます。

これは人間も同じです。誰でも得意なことと不得意なことがあるもので、あらゆることに秀でた人は存在しません。科学を過信せず、といって過小評価をすることもなく、役に立つ箇所を使えばよい、というのが賢い態度なのです。

つまり科学とはオール・オア・ナッシングという「1か0かの世界」ではないのです。よって私はこの本でも、科学ではっきりわかっていることと、科学の限界をはっきり示していくつもりです。

「マグニチュード」と「震度」の違い

地震が発生すると、テレビ画面に「震度5弱の地域は○○」「震度4の地域は○○」といった表示が出ます。その後しばらくして「マグニチュード6・2、震源の深さは20キロメートル」などという情報が流れてきます。これらについて説明しておきましょう。

一つの地震に対して、マグニチュードは一つしか発表されません。しかし、震度は地域ごとに数多く発表されます。マグニチュードは地下で起きた地震のエネルギーの大きさ、震度はそれぞれの場所で地面が揺れる大きさのことです。したがって、マグニチュードと震度は似たような数字でも、まったく異なる意味を持つのです。

いま、大きな太鼓が1回鳴ったとイメージしてください。マグニチュードはこの太鼓がどんな強さで叩かれたのかを表します。そして、震度は音を聞いている人にどんなふうに聞こえたか、ということです。

太鼓の音はすぐそばで聞くと大きな音ですが、遠くで聞くと大した音ではありません。このように震度は太鼓の音を聞く場所、つまり震源からの距離で変わってきます。一つのマグニチュードからさまざまな震度が生まれるのは、このためです。

M9クラスという巨大地震でも、震源が遠ければ震度は小さくなります。一方、M6クラスでも、自分がいる真下で起きれば非常に激しい揺れを感じます。

これは震源の深さにも関係します。深いところで起きた地震は、マグニチュードが大きくても揺れは小さくなります。ちなみに私たち専門家は、震源が深さ10キロメートルだと「浅いな」と思い、深さ60キロメートルだと「深いな」と思います。

さて、揺れを決める要因にはもう一つ大事なことがあります。自分が立っている地盤が堅固なものか軟らかいものかで、揺れは大きく変わってきます。

いわば、こんにゃくの上にいるのか、大阪名物「岩おこし」の上にいるのかの違いのようなものです。実際には、海岸近くの埋め立て地や大きな河川沿いの軟弱な地盤

図版1−3　マグニチュードとエネルギーの関係

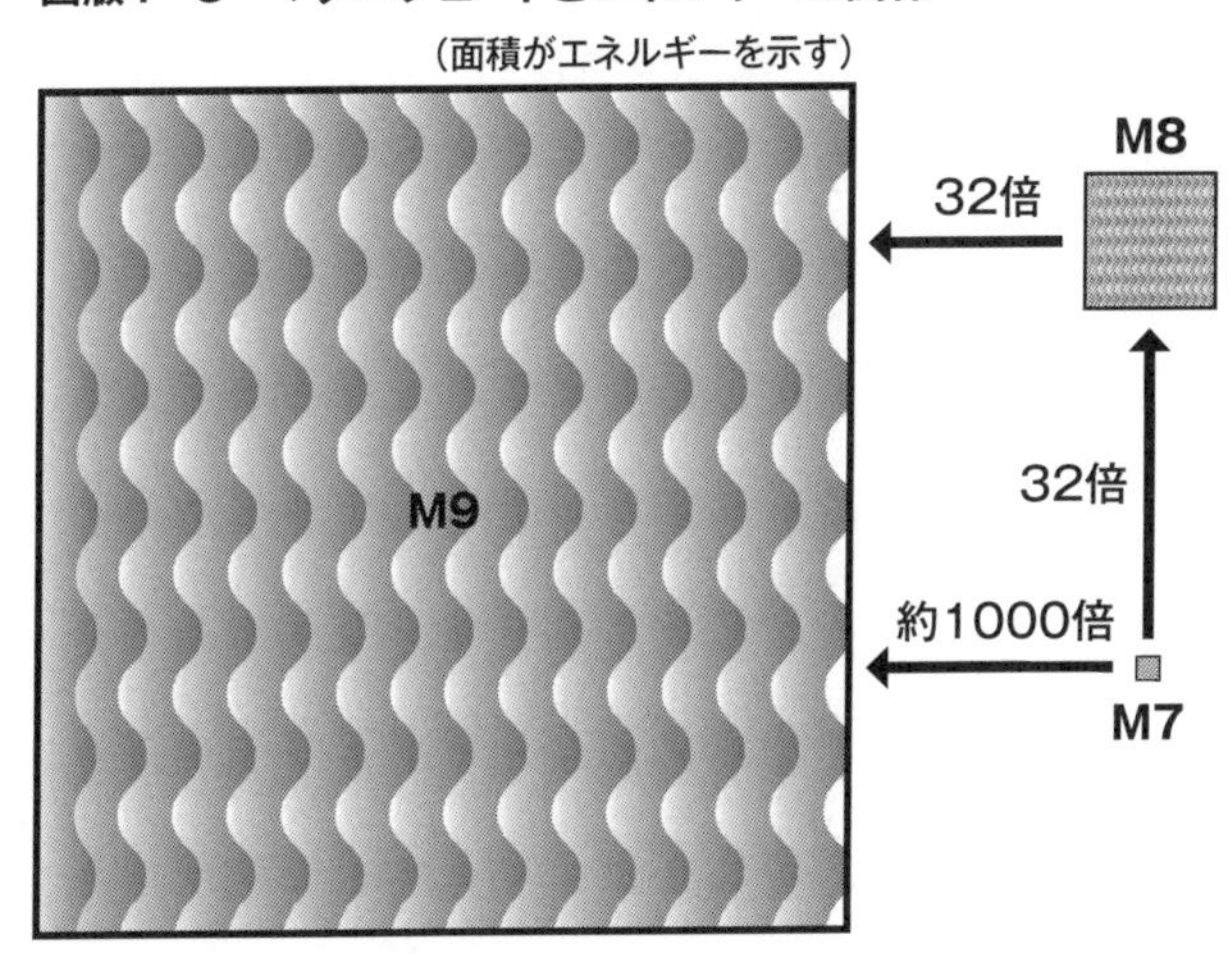

地域では、揺れが増幅され被害が大きくなります。

マグニチュードのエネルギー

さて、地震の規模を示すマグニチュードとエネルギーの関係を見ておきましょう。マグニチュードは数字が一つ大きくなると、地下から放出されるエネルギーは32倍ほど増加します（図版1−3）。また、数字が0・2大きくなるとエネルギーは約2倍になります。つまり、M7・2がM7・4になると、エネルギーは2倍ほどになるのです。

M7とM8はたった1の数字の違いですが、ものすごく大きなエネルギーの差になるのです。

東日本大震災以降、M6~7クラスが頻発したため、私たちは地震の巨大なエネルギーに鈍感になっています。しかし、東日本大震災の放出エネルギーは、1923年の関東大震災の約50倍、また1995年の阪神・淡路大震災の約1400倍にもなったのです。このようなマグニチュードの数値が示すエネルギー量の違いを、直感的につかんでいただきたいと思います。

ところで、このマグニチュードには、二つの測り方があるのをご存じでしょうか。「気象庁マグニチュード」と「モーメントマグニチュード」と呼ばれるものです。

マグニチュードは、震源から100キロメートル離れた標準的な地震計の針が揺れた最大値から求められます。これは気象庁マグニチュード（Mjと書きます）ですが、M8・5くらいで頭打ちになり、それより大きな地震は計測できません。

そこで、巨大な地震を測ることができるモーメントマグニチュード（Mwと書きます）が新しく考案されました。これは断層の面積（長さ×幅）とずれた量などから算出します。

断層運動の規模そのものを表すモーメントマグニチュードを使えば、巨大地震のエネルギーを正確に見積もることが可能です。よって、国際的に広く用いられている方法となっています。

日本では地震が発生すると、まず国土交通省の外局の気象庁が情報を発信します。地震計から届いた最大揺れ幅などの限られたデータを使い、迅速に気象庁マグニチュードを決定して発表するのです。これは比較的短い時間で出せる長所があるのですが、地震が巨大になると、正確さに欠けます。

一方、モーメントマグニチュードは、その決定までに時間がかかります。このため、地震が起きると最初に気象庁マグニチュードが発表され、後に正確なモーメントマグニチュードによって訂正される、という仕組みで運用されています。

東日本大震災も気象庁は最初の東北地方太平洋沖地震に対して、発生直後にＭｊ７・９を発表しましたが、２時間45分後にＭｗ８・８と訂正しました。さらに、データの再検討によって、２日後にＭｗ９・０と確定したのです。

現在もモーメントマグニチュードは、気象庁の職員が全世界の約40か所から送られてくるデータをもとに、手作業で算出しています。そのため決定されるまでにどうしても時間がかかるのです。

このデジタル時代になんとアナログなことをしているのだ、と思われるかもしれません。しかし、科学の最先端の現場は、意外にアナログの手作業なのです。デジタル化するためにコンピュータへさまざまなデータを入力し、結果を人間が検討しなければならないという場面が、まだたくさん残っています。科学が魔法のようにはいかない理由が、ここにもあります。

私たちは便利なスマートフォンやスイッチ一つで動く生活家電に囲まれて、こうした実態が見えにくくなっています。しかし実は、スイッチ一つに至るまでには、たくさんの試行錯誤と手作業の積み重ねがあるものなのです。

地震で死なないために、何をすべきか

私は1995年の阪神・淡路大震災が起きた直後に、神戸の被災地に入って調査を

行いました。そのときに驚いたことがいくつもあります。全壊した家とまったく破損していない家が場所によってきっちりと分かれていたことです。これは地盤の状況を如実に表していたのです。

　たとえば、六甲山地から流れ下る河川の自然堤防に当たる場所の家屋は、しっかり立っていました。ここは川が運んできた粒度の粗い礫などが地下を構成しており、比較的固い地盤となっていました。

　それに対して、自然堤防から離れた地域の建物は、激しく倒壊していました。これらの土地は、川から運ばれた砂や泥などの軟らかい堆積物によって覆われた地域です。すなわち、固い礫層の上か、軟弱な沖積層の上かで、大きく揺れ方が異なっていたのです。

　さらに、高台に近い場所では、同じ整地された区画でも被害状況がまったく異なる住宅群がありました。土地を整地したときに、削られた方の地盤の上に立っていた家は残り、盛り土をされた方の家はひどく崩れていました。

　つまり、盛り土の分が軟弱な地盤となっていたのです。また、以前は溜め池であったところを埋め立てた地域にも、同様の大きな被害が出ていました。

白い紙に果汁で描いた図柄が、コンロで温めると浮かび上がる「あぶり出し」の実験を思い出してみてください。このように、強い揺れは、地面の下に隠されていた地盤の様子をあぶり出してしまったのです。

もっとも、倒壊を免れた家屋でも、家の中は洗濯機を回したようにぐちゃぐちゃでした（写真2）。家はしっかり残っていても、箪笥の下敷きになって圧死した方が大勢いました。反対に、家具を留めていただけで命拾いをした人の話もいくつも聞きました。

地盤の良し悪しだけではなく、こうした家の中の状況も大地震が来る前に改善しておかなければならないのです。特に、就寝中に倒れてくる家具によって大ケガをすることだけは、なんとしても避けたいものです。

阪神・淡路大震災の際には、最大震度7の地域が、東西方向に帯のように出現しました。ここでは、地面から突き上げる力が非常に強く、無重力の状態が一瞬起きるほどでした。これについて説明してみましょう。

写真2　阪神・淡路大震災の被災状況

鎌田浩毅撮影

地球上の物体にはすべて「重力」がかかっています。この力はGという記号で表します。重力加速度の単位ですが、1Gは地球上の物体にかかる力です。この1Gを超える力が上向きにかかると、無重力になります。

遊園地のジェットコースターや急流すべりなどの絶叫マシーンで、重力に逆らったときに体感するあの感覚です。たとえば、スペースシャトルを打ち上げるときに宇宙飛行士にかかる力は3Gです。ちなみに、重力加速度が7Gを超えると人間は失神すると言われています。

阪神・淡路大震災で震度7を経験した

私の知人は、テレビが宙に舞うのを見たと言っています。本当は、その本人も椅子ごと空中に飛び出していったはずなのですが……。

もし会社のオフィスで震度7に遭遇したらどうなるでしょうか。書類が紙くずのように飛び散るだけでなく、キャスターの付いた椅子やパソコンなど、壁に固定されていないすべての物体が飛び出すのです。スーパーマーケットならば、棚に並んだ商品が吹雪のように舞うでしょう。

地震の揺れが何分も続けば、オフィスは巨大な洗濯機の中で、机と人がかき回されたのと同じ状態になります。こうした中で生身の人間が無傷でいられるわけがありません。会社のロッカーや自宅の洋箪笥の下敷きになって重傷を受けないために、いまからできることはたくさんあります。こんなことは科学の進歩を待たなくても可能なことなのです。

東日本大震災でも、前もって準備をおこたらず被害を最小限に食い止めた人がたくさんいます。私の大学時代の同級生である東北大学の宇田聡(さとし)名誉教授は、仙台市内の研究室の本の散乱を、ベルト1本で防いでいました。本棚はすべて壁に固定してあるだけでなく、本棚の前にかけられたベルトが、膨大な書籍の散乱を防いだのです。

「ベルト1本でも十分に有効だった。なぜみんなはこうしなかったのだろう」と彼は私に語ってくれました。彼は宮城県沖地震が到来することを予測して、このような処置をしていたのです。まさに科学の力を知り、なおかつ自分ができることを行った人の行動そのものであり、ぜひ参考にしていただきたいと思います。

私も同様の準備を我が家の寝室にしています。頭の上に落ちてくるものは何もないように、本棚や家具などすべてを片付けたのです。厳密には、小さなカタツムリのぬいぐるみが落下するだけです。

商売柄、私はたくさんの本を抱えて暮らしているのですが、一念発起してすべての本を一部屋にまとめました。23連ある本棚もすべて固定してあります。

マンションのため天井に穴を開けることができないので、家具屋さんに頼んですべての本棚を鉄の棒で互いに連結してもらいました。いとも簡単にできたのですが、これで本棚の倒壊は完全になくなりました。

みなさんの中には、すでに固い地盤の上に建てられた耐震性の高い家に住んでいる方もおられるでしょう。しかし、もし家具が固定されていなければ、大ケガをする可能性はちっとも減っていないのです。家屋の無事が確保されても、室内で重傷を負わないように、今日から準備していただきたいと思います。

第2章

想定以上の大災害となる首都直下地震

いま一番危ない活断層はどこか

リスクが高まった内陸部の直下型地震

東日本大震災の直後から、震源域から何百キロメートルも離れた内陸部で規模の大きな地震が発生しています（図版1－1）。たとえば、3月12日午前3時59分に長野県北部でM6・7の地震が起きました。

この地震は震源の深さ10キロメートルという浅い地震で、長野県栄村で震度6強を記録し、東北から関西にかけての広い範囲で大きな揺れを観測したのです。また、3月15日午後10時31分には、静岡県東部でM6・4の地震があり、最大震度6強の観測でした。

これらの地震は、典型的な内陸型の直下型地震です。2004年の新潟県中越地震や2007年の新潟県中越沖地震と同じタイプの地震なのです。

海域で巨大地震が発生したあと、遠く離れた内陸部の活断層が活発化した例は、過去にも多数報告されています。

たとえば、1944年に名古屋沖で東南海地震（M7・9）が起きた1か月後の1945年に、愛知県の内陸で三河（みかわ）地震（M6・8）が発生しました。また、1896年に三陸沖で起きた明治三陸地震（M8・5）の2か月半後には、秋田・岩手県境で陸羽（りくう）地震（M7・2）が発生しました。

もうおわかりでしょう。このタイプの地震は、東日本大震災をはじめとする海の震源域の内部で起きた「余震」ではなく、新しく別の場所で「誘発」されたものです。東北・関東地方の広範囲にわたり、直下型の誘発地震への警戒が、これから備えなければならない最重要の課題となったのです。なお、こうした直下型地震が今後増える原因については、第3章の南海トラフ巨大地震の解説でも取り上げます。

4タイプの巨大地震が首都圏を襲う

最初に首都圏の地下の様子を見てみましょう。日本列島には四つのプレート（岩板）

図版2−1　首都圏の地下にある3枚のプレートと想定される地震の震源

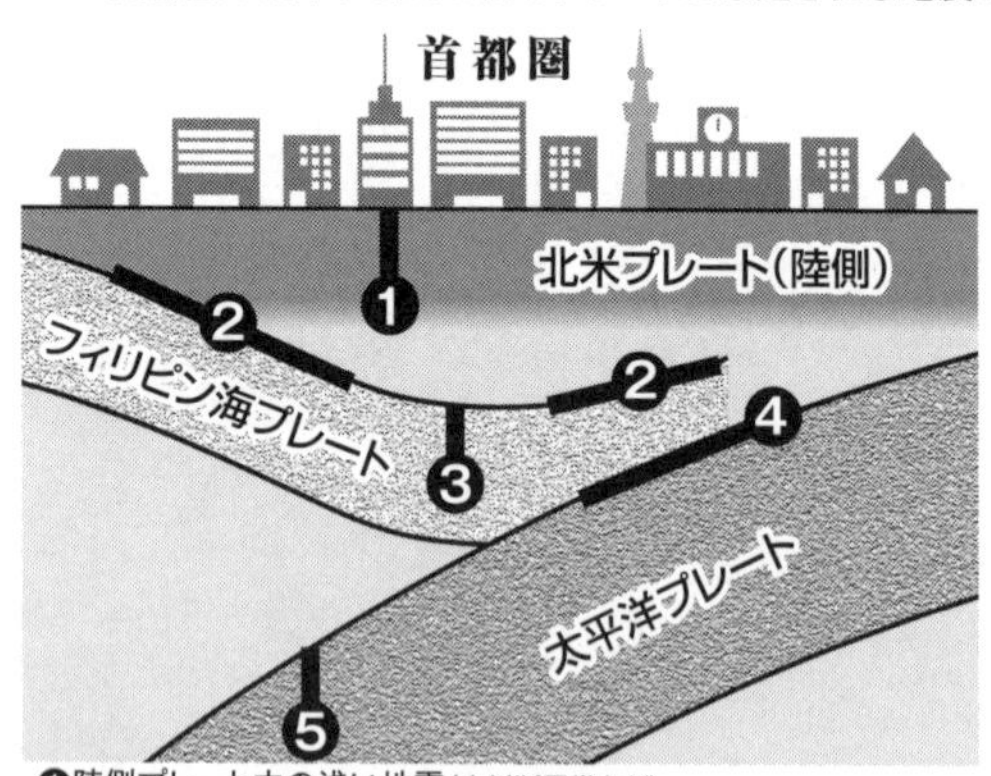

❶陸側プレート内の浅い地震（立川断層帯など）
❷フィリピン海プレートと北米プレートの境界（1923年大正関東地震など）
❸フィリピン海プレートの内部（1987年千葉県東方沖地震など）
❹フィリピン海プレートと太平洋プレートの境界
❺太平洋プレートの内部

出典：地震調査研究推進本部資料より筆者作成

がひしめいているのですが（図版1−1）、そのうち首都圏の地盤には3枚のプレートが関わっています（図版2−1）。ちなみにプレートはもともと英語で「板」という意味ですが、地球科学では岩石からできている厚い「岩板」のことをプレートと呼びます。

　首都圏は北米プレートという陸のプレートの上にありますが、その下にフィリピン海プレートという海のプレートがもぐり込み、さらにその下には太平洋プレートという別の海のプレートがもぐり込んでいます。こうしたプレートの境界が一気にずれたり、また地下の岩盤が大きく割れたりすることで、さまざまなタイプの地震が発生します。

国の中央防災会議は、首都直下で発生する地震を具体的に予想し、いくつかのタイプに分けました。代表的なタイプは「東京湾北部地震」「都心南部直下地震」と呼ばれるもので、Ｍ７・３の直下型地震が起きます。簡単に言うと東京の下町付近の地下で起きる地震であり、東京23区の東部を中心に激しい揺れをもたらします。

この地域はもともと地盤が弱いので、地盤が比較的固い東京の西部地域とは違って建物の倒壊などの大きな災害が予想されます。その結果、沿岸域を中心に震度６強の揺れに見舞われると想定されています。

その後、首都直下地震はこれまでの想定を上回る震度７の揺れが起きることがわかりました。というのは、地震を起こす震源が、以前の想定よりも10キロメートルほど浅い地下20～30キロメートルにあることが判明したからです（図版２－１の境界２）。震源が浅くなれば、同じ規模の地震でも地上ではさらに大きく揺れます。よって、地盤が軟弱な東京23区の海沿いと多摩川の河口付近では震度７が想定されました。

東京湾北部地震は、江戸時代にも起こっています。幕末の1855年に東京湾北部で安政江戸地震（M7・0）が発生し、4000人を超える犠牲者を出しました（図版2－2）。こうした「過去に起きた負の実績」から、将来起きるとされる都心南部直下地震などの被害想定の数字が出されているのです。

突発的に起きる直下型地震

こうした内陸型の直下型地震は、時間をおいて突発的に起きます。太平洋プレートと北米プレートの境界で起きる余震とはまったく別個に、内陸の広範囲でM6～7クラスの地震が散発的に誘発されるのです。その結果、東北地方、関東地方、中部地方の東部では、これからも最大震度6弱程度に至る揺れが予想されます。

では、なぜ余震域でないところで地震が起きてしまうのでしょう。こうした内陸性の直下型地震は、東日本の岩盤が東西方向に伸張したことによって起きたものです。地面が引っ張られたことで陥没する「正断層型」の地震が、「3・11」以降に突然発生し始めたのです。なお正断層型と逆断層型の地震については、あとでくわしく述べ

図版2−2　首都圏周辺の活断層と震源

筆者作成

ましょう。

　これらは今後も時間をおいて突発的に起きる可能性があります。すなわち、太平洋上のＭ９の震源域で起きる余震だけではなく、東日本の内陸の広範囲でＭ６〜７クラスの地震が「誘発」される恐れがあるというわけです。

「海で起こる地震」と「陸で起こる地震」の違い

　ここでちょっと整理をしておきましょう。地震には大きく分けて、「海で起こる地震」と「陸で起こる地震」の二つがあります。

第一のタイプは太平洋岸の海底で起きる地震で、莫大なエネルギーを解放する巨大地震です。陸のプレートと海のプレートの境にある深くえぐれた海溝で起きるため、「海溝型地震」とも呼ばれ、M8～9クラスの地震を発生させると予想されています。また、海で起こる地震は、東日本大震災のように津波が伴います。

もう一つの陸で起こる地震は、文字どおり足もとの直下で発生します。新聞やテレビなどでは「直下型」や「内陸型」などさまざまな表現がありますが、震源地が内陸であると考えれば十分です。

この地震は頻発している新潟県中越沖地震や岩手・宮城内陸地震、さらに熊本地震、大阪府北部地震、北海道胆振東部地震、能登半島地震のような地震で、1995年に阪神・淡路大震災を起こした兵庫県南部地震もその一つです。これはM7クラスの地震であり、主に活断層が繰り返し動くことで発生します。

こうした直下型地震は震源が比較的近く、かつ浅いところで起きたという特徴があります。また震源地が人の住んでいるところに近いため、発生直後から大きな揺れが襲ってくるので、逃げる暇がほとんどありません。特に、阪神・淡路大震災のように、大都市の近くで発生する短周期地震動（短く小刻みな揺れの周期）をメインとする地震は、建造物の倒壊など人命を奪う大災害をもたらす非常に厄介な地震です。

いかに巨大なエネルギーを解放する地震でも、そこに人が住んでいなければ、あるいは壊れてくるものがなければ、被害は最小限に抑えられます。しかし、それほど大した地震でなくても、ビルが密集し、また空き地がほとんどない都市では、その被害は甚大なものとなってしまうのです。

実は、誘発地震の直撃する地域の中でも最も心配な場所が、東京を含む首都圏です。首都圏も東北地方と同じ北米プレート上にあるため、活発化した内陸型地震が起こる可能性が十分にあります。ここでＭ７クラスの直下型地震が突然発生することが、最大の懸念となっています。

先述したように、この地域では大被害があったことが記録に残っています。１８５５年に東京湾北部で安政江戸地震（Ｍ７・０）が発生し、４０００人を超える死者が出ました。また２００５年７月にはＭ６・０の直下型地震が発生し、首都東部が震度５強の強い揺れに見舞われ、電車が５時間以上もストップしました。その後も首都圏では関東南部で起きた地震によって、しばしば交通に乱れが生じています。

国の中央防災会議は、首都圏でM7・3の直下型地震が起こった場合の被害を予測しています。1万1000人の死者、全壊及び焼失家屋61万棟、建物等の直接被害47兆円、95兆円の経済被害がそれぞれ出ると想定しているのです。東日本の内陸部では首都圏も含めて直下型地震が起きる確率が高まった状態で現在に至ると考えたほうがよいでしょう。

「安全地帯」がない日本列島

日本はどの場所も地震から逃れられないことが、いまだに常識となっていません。それを物語るように、私が講演会で地震について話をすると、「地震が来ないところを教えてください」とみなさんに質問されますが、日本には安全を約束できる場所はまったくないのです。

たとえば、日本列島には「活断層」が全部で2000本以上もあります。これらはいずれも何回も繰り返して動き、そのたびに地震が発生します。一方、その周期は1

０００年から1万年に1回くらいであり、人間の暮らす尺度と比べると非常に長いのです。

日本列島のどこかで巨大な力が解放されて地震が起きますが、そのどこかは日本の全国土と考えて差し支えありません。

地球上では、断層が1回だけ動いて、あとは全然動かないということはありえないのです。1回動く断層は何千回も動くものであり、これが地球の掟(おきて)です。つまり活断層が見つかったら、そこで過去に何千回も地震が起きていたことを示しているのです。

これまで非常によく動いてきた断層は、これからも頻繁に動く可能性があります。他方、それほど動かなかった断層は、今後もあまり活発には動きません。こうした特徴を個々の断層ごとに研究者は調査します。

国の地震調査委員会は、日本列島に２０００本以上存在する活断層の中でも、特に大きな地震災害を引き起こしてきた１１４本ほどの活断層の動きを注視してきました。

東日本大震災は、東日本が乗っている北米プレート上の地盤のひずみ状態を変えてしまいました。そのために地震発生の形態がまったく変わった、と考える地震学者も少なからずいます。

実際、地震のあとに日本列島は5・3メートルも東側（太平洋側）へ移動してしまいました。また太平洋岸に面する地域には地盤が最大1・6メートルも沈降したところがあるのです。巨視的に見ると、東北地方全体が東西方向に伸張し、一部が沈降したと言えます。つまり、陸地が海側に引っ張られてしまったのですが、これは海の巨大地震が起きたあとに必ず見られる現象です。

では、このことは何を意味するのでしょうか。いままで巨大な力で押されていた東北地方や関東地方が乗っている北米プレートが、今度は思いきり水平方向に引き延ばされたのです。その結果、いままでとは違った力が地面に働き出しました。

これまでは、横から押されることによって、地面の弱い部分が耐えきれなくなってせり上がる断層が、内陸で直下型の地震を起こしてきました。私たちは地質調査からこうした断層（「逆断層」といいます）を見つけ、地図に記入してきました。もちろん、そのデータは活断層地域として、専門家でなくとも一般の人々も簡単に手に入れることができます。

ところが今度は、ゴムを伸ばすように大地が引き延ばされたのです。そして地殻の弱いところが断層として動き出します。今度の断層は「正断層」といいますが、困ったことにいままで地震が起きてこなかった場所でも地震が起き始めました。

では、こうした直下型地震は、いつ起きるのでしょうか。結論から言えば、予測はほとんど不可能です。というのは地震を起こす周期は数千年という長いスパンであり、その誤差は数十年から数百年もあるからです。みなさんが求める何月何日に地震が起きるという予知は、もともと無理なのです。

困ったことに、活断層は現在調べられている他にもたくさん存在します。山野に隠れていた未知の活断層が直下型地震を起こした例も少なくありません。たとえば、２０００年の鳥取県西部地震や２００８年の岩手・宮城内陸地震は、それまで未知であった活断層が動いたものです。

地震の発生後に活断層が発見された報告も珍しいことではないのです。よって、私はどこで新しく活断層が発見されても、またどこで直下型地震が起きてもまったく驚きません。

そもそも活断層とは何か

ところで、活断層はどのようにして見つけるのか、お話ししておきましょう。

最初に、空中写真によって真上から撮影した地形をくわしく判読することから始まります。断層は直線状に岩盤を割るので、一直線に延びる崖として残されています。こうした崖に沿って活断層がまっすぐに走っているのです。

また、活断層の上を川が横切っている場合に、何本もの川がある線を境にして曲がっていたりします。たとえば、複数の川が同じ方向を向いて屈曲（くっきょく）しているのです。この屈曲地点を結ぶ線の地下に、1本の活断層が隠れているのです。

こうした大まかな情報を得たあとに、今度は実際に現場を歩いてみて、地面がずれている証拠を見つけます。地層の縞（しま）もようがずれている箇所をくわしく観察していくのです。特に、新しく堆積した地層を断ち切っているところに活断層があります。なお、私たち地球科学者が「新しく堆積した」と言っても、だいたい13万年くらい前のことですが。

さて、活断層が地上に出ると崖などの地形に現れますが、地下に隠れている場合もあります。「伏在断層」と呼ばれるものですが、このような埋もれた活断層を見つけることも大変重要です。経験的には、マグニチュード3以下の小さな地震が頻発する場所が直線上に連なっていると、その地下に伏在断層がある可能性があります。

また、地表で重力を精密に測定することによって、地下の岩盤に断差がある場所が見つかります。さらに、人工の地震を発生させて地震波の反射を観察し、岩盤のずれを見つけ出すことも行います。

こうした手法の他、ボーリングといって地面を掘ることでも、岩盤がずれている場所とずれの量を確認します。地下に埋もれた活断層は、このような大がかりな調査（物理探査といいます）によって発見されるのです（図版2－2）。

活断層は現在の地図に記されているもの以外にも、たくさん存在することはぜひ知っておいていただきたいと思います。ちなみに、政府の地震調査研究推進本部は活断層で地震が発生する危険度を「S（高い）」「A（やや高い）」などの4段階に「ランク分け」した上で警戒を呼びかけています。そして調査をすればするほど、日本列島では新たに活断層が見つかってくるのです。したがって、自分のいま住んでいるところに活断層が報告されていないからといって、必ずしも安心はできないのです。

警戒すべき関東大震災

2023年の9月1日は、1923年に発生した関東大震災（大正関東地震）から100年目に当たりました。関東大震災では震度7に相当する激しい揺れに襲われ、現在の東京都や神奈川県を中心に11万棟近くの住宅が全壊（図版2−2）。地震の発生時刻が昼食の時間帯に重なり、約130か所で火災が同時多発的に起きました。

また、この日は日本海沿岸を進んでいた台風による強風も加わり、70か所以上で次々と延焼が発生したうえ、焼失建物は21万2000棟を上回りました。さらに、火炎を含む竜巻状の渦が立ち昇る「火災旋風」も起き、焼失面積は当時の東京市の約4割を占めました。死者・行方不明者は10万5000人を超え、明治以降の日本で最大の災害となりました。

地震は神奈川県西部の深さ23キロメートルで発生したのですが、先ほど述べたように首都圏の地下では上から下へ「北米プレート」「フィリピン海プレート」「太平洋プレート」という3枚の岩板が重なり合っており、地震が繰り返し発生しています（図版2－1）。関東大震災はこのうち、北米プレートとフィリピン海プレートの境目である「相模トラフ」付近がずれ動くことで発生しました。

地震の規模を表すマグニチュードは7・9で、1995年に約6400人の犠牲者を出した阪神・淡路大震災（M7・3）よりも8倍も大きく、相模トラフは関東大震災だけでなく、1703年には元禄（げんろく）関東地震（M8・2）も起こしています。これは1万人以上の死者を出し、江戸の元禄文化を打ち砕いた巨大地震でした。同時に発生した津波の高さは鎌倉市で8メートル、品川区で2メートルを記録しました。

30年以内に70％の発生確率といわれる関東大震災

最近の研究によれば、元禄関東地震は房総半島の沖合まで震源域が確認され、関東大震災の震源域はその西側半分であることが確認されました。いずれも海溝型の巨大地震であり、関東大震災は元禄関東地震の再来と考えられています。

両者を挟む220年間に、八つの地震が現在の首都圏を襲ってきました。政府の地震調査委員会はこの間を一つのサイクルとして、将来のM7クラスの大地震の発生確率を出しました。8回の発生から単純計算すると27・5年に1回起きていることになり、「今後30年以内に70%程度」という発生確率が導き出されています。

さらに、220年間の地震活動を見ると、前半が「静穏期」後半は「活動期」となっています。前半の100年間では天明小田原地震（1782年）しか起きていませんが、後半では1894年から翌年にかけて3回、また関東大震災の前年と前々年に大地震が2回発生しました。現在は関東大震災から100年経過したので、これから後半の活動期に入ると考えられます。

その後の首都圏では人と資本の一極集中が加速し、総人口の3分の1が1都3県に暮らしています。関東大震災の最大の教訓は、都市で地震が発生すると必ず火災が広がる点にあります。特に、木造住宅密集地域では耐震補強を施すことで倒壊を最小限に防がなければなりません。広域で長期のライフライン停止だけでなく、膨大な数の帰宅困難者と避難者の発生、深刻な物資不足などについて、100年前よりも一層の防災対策が求められています。

予測できない「陸の地震」

地球科学はずいぶんと地下の情報を明らかにしてくれましたが、科学は万能ではありません。ここで少し科学の意義について考えてみましょう。最初に、自然科学の歴史を振り返ってみます。

そもそも科学は、フランスの哲学者デカルト（１５９６～１６５０）が物質と精神を分けた17世紀から始まりました。それまではキリスト教の世界観が、人々の生活から思考までのすべてを支配していました。15世紀に花開いたルネサンスは、まずは思想や芸術の面から人々を解放していきました。

その後、自然のくわしい観察から「科学」が誕生しましたが、新しい見方は時には古い勢力と対立しました。たとえば、地動説を支持したガリレオ（１５６４～１６４２）が宗教裁判にかけられた話はあまりにも有名です。

この後も科学と宗教の間で先鋭な「闘争」が続きました。例を挙げると、19世紀になってもダーウィン（1809〜1882）が進化論を慎重に唱えたように、自然科学は社会の動きとまったく無縁に進んできたのではありません。

私の専門である地球科学でも、18世紀に「地質学の父」と呼ばれるジェームス・ハットン（1726〜1797）が黎明の扉を開けて、19世紀にチャールズ・ライエル（1797〜1875）が近代地質学を確立してから、わずか200年ほどしかたっていません。その後、科学が純粋に知的好奇心を満たす目的のためだけに研究されたのは、20世紀からだと言っても過言ではないでしょう。

さて、地球科学では統計学に基づいてデータを解析します。過去のデータは非常に重要な判断材料となります。しかし、日本で地震や地殻変動の観測が始まったのは、明治時代の後半からです。その観測結果がたかだか100年分では、東日本大震災のように1000年ぶりの地震に対する推移の予測は、きわめて困難となります。

東日本大震災は、西暦869年に起きた貞観地震の再来です。最近の研究でこの貞観地震の規模はM8・4と推定されていたのですが、実際にはM9・0の超巨大地震が起きてしまいました。

つまり、M9クラスが発生するとは想定できなかったことそのものが、科学の限界なのです。さらに、2011年3月という時期を特定してこれが起きると考えていた地震学者は、世界中に一人もいませんでした。

我々は地球の歴史46億年を対象にしているので、1000年前くらいはごく最近のことです。たとえば、2000万年前以降の日本列島の動きは、特にくわしく調べられています。この頃から列島はユーラシア大陸から分離し、独特の歴史を歩んできたこともよくわかっています。

1995年に起きた阪神・淡路大震災のあとから、日本の全域で高感度の地震計や全地球測位システム（GPS）などの観測網が整備されました。しかし、日本列島の歴史から見ると瞬（まばた）きのような数年という時間単位での解析は、実際には不可能です。つまり、いまから数か月先、数年先という現実的な予測となると、話は急に難しくなるのです。

一つ例を挙げると、東日本大震災から始まった、地面が引っ張られるような正断層型の地震がどこに起きるかは、まったくと言ってよいほど予測がつきません。いわば

「ロシアンルーレット」の状態です。それを物語るように、「3・11」以前は地震の空白地帯であった福島県も、「3・11」以降は地震の頻発地になっています。今後もそのような場所が次々と現れてくるでしょう。

消火活動を不能にする火災旋風と地盤が動く側方流動

日本はこれまでさまざまな大震災を経験してきましたが、被害の内容は地震ごとに大きく異なります。たとえば、1923年の関東大震災では犠牲者の9割が地震後に起きた火災で亡くなりました。また、阪神・淡路大震災では、8割が地震直後に起きた建物の倒壊によって亡くなり、そして東日本大震災では亡くなった人の92％が巨大津波による溺死でした。

首都直下地震の問題は、強震動による建物倒壊など直接の被害に留まらず、火災をはじめとする複合要因によって巨大災害となる点にあります。被害予測図を見ると、下町と言われる東京23区の東部では、地盤が軟弱なために建物の倒壊などの被害が強く懸念されます。

写真3　阪神・淡路大震災で発生した液状化

写真4　阪神・淡路大震災で発生した地盤の側方流動

上・下とも鎌田浩毅撮影

これに対して、23区の西部は東部に比べると地盤は強いのですが、木造住宅が密集しているために大火による災害が想定されます。こうした地域は「木造住宅密集地域」（略して木密地域）と呼ばれ、防災上の最重要課題の一つとなっています。たとえば、環状6号線と環状8号線の中に挟まれている、幅4メートル未満の道路に沿って古い木造建造物が密集する地域が、最も危険です（図版2―3）。

地震直後には至る所で火災が発生し、短時間に燃え広がります。その後、上昇気流によって竜巻状の巨大な炎を伴う旋風が発生します。火災旋風と呼ばれるものですが、大都市の中心部ではビル風によって次々に発生し、地震以上の犠牲者を出す恐れがあります。

こうなると事実上、消火活動は不可能となってしまいます。東京都は首都直下地震が起きた場合に最大で811件の火災が発生し、火災による死者が4000人を超えると想定しています。

もう一つの問題は、首都圏の脆弱（ぜいじゃく）な地盤が、強震による被害をさらに増大させることです。たとえば、葛飾区や江戸川区の地下には、沖積層と呼ばれる若くて軟らかい地層が厚くたまっています。こうした沖積層は水分を多く含むため、たちまち「液状化」を起こし、泥水を噴き上げて田んぼのようになります（写真3）。

ここで液状化について簡単に説明しておきましょう。地面は砂粒・水・空気などでできており、普段は砂粒が噛み合うことで安定しています。ところが地震によって強く揺すられると、砂粒の噛み合いがはずれてバラバラになります。この結果、砂粒が沈んで、砂まじりの水が噴き出してきます。

地面の裂け目から噴き出すことから「噴砂（ふんさ）」と呼びますが、これは揺れの直後から発生します。液状化は海岸や川のそばの地盤がゆるい場所で起き、建造物を傾かせ地盤沈下を起こします。また、マンホールなど地中に埋設されたものが地上に浮き上がり、道路が使えなくなります。

さらに、強度を失った地盤は、地形の微傾斜にそって横方向へずるずると大規模に流動することがあります。「地盤の側方（そくほう）流動」というきわめて破壊的な現象ですが、これによって建物ごと何十メートルも水平にゆっくりと移動します（写真4）。

下町の海抜ゼロメートル地帯では、地盤の側方流動によって川の堤防がボロボロに決壊されるでしょう。侵入した水は低所を目指して一気に流れ込むので、一刻も早く高所へ避難しなければなりません。こうした被害予測は東京都や内閣府の防災ホームページでハザードマップとして公表されていますので、お住まいのエリアのリスクについて、ぜひ確認してほしいと思います。

首都直下地震の新しい被害想定

東京都は2022年5月、「首都直下地震等による東京の被害想定」を公表しました。東日本大震災翌年の2012年に公表した被害想定を10年ぶりに見直したのです。最も甚大な被害をもたらす「都心南部直下地震」では、震度6強以上の激震に見舞われる地域が東京23区の6割に達し、約19万棟に建物被害が発生するという結果が示されました。その結果、死者は最大6148人、避難者は299万人に上る見積もりとなりました。

これまで国や都で想定されていたM7・3と同じ規模の直下型地震が首都圏の中枢を襲うというシミュレーションですが、犠牲者の数は前回想定の9641人より約3

図版2−3　首都直下地震による全壊棟数（上）と焼失棟数（下）

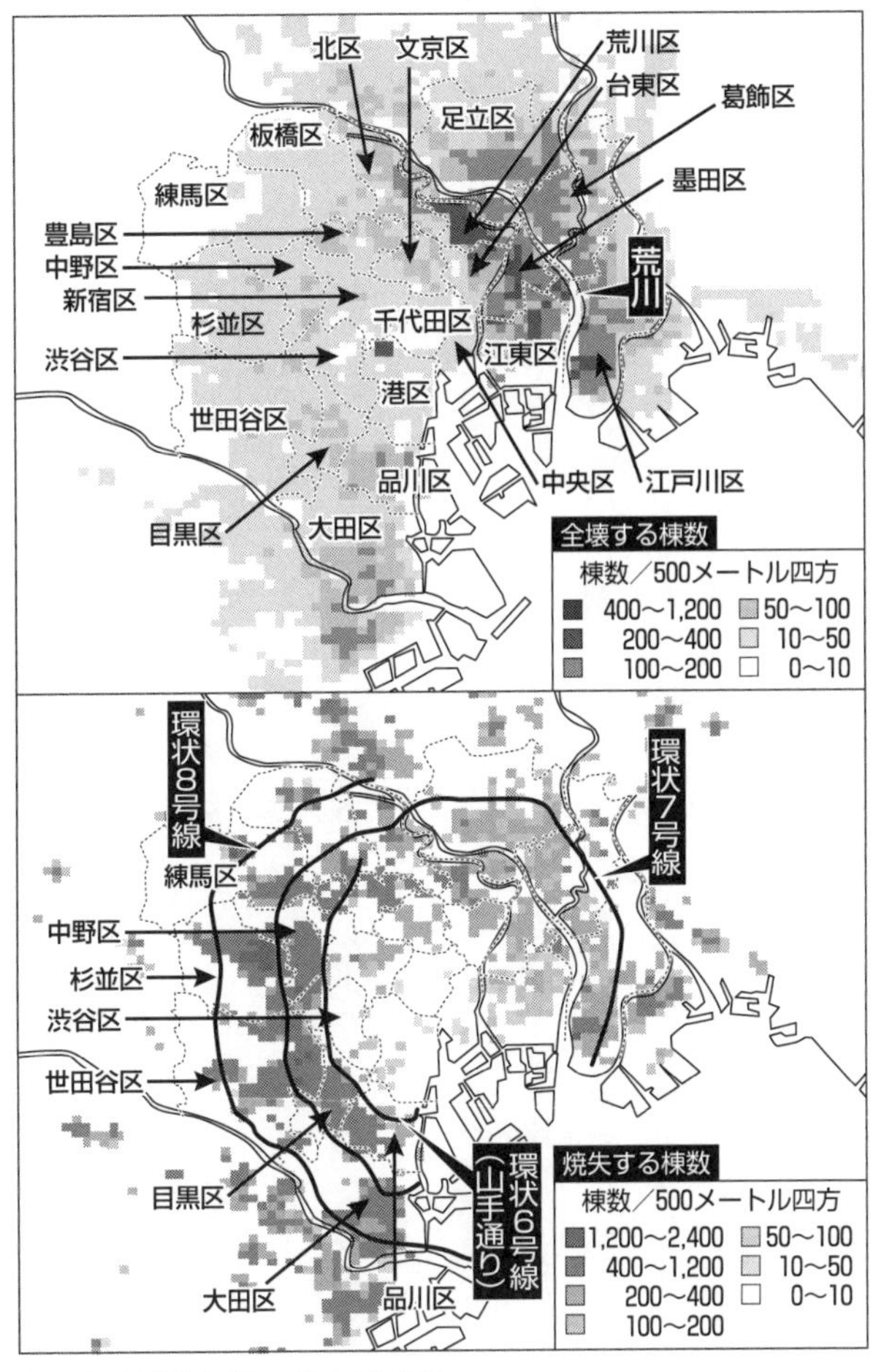

内閣府の資料を参照、一部改変し作図

割少ない見積もりになっています。過去10年間のインフラ老朽化や東京への一極集中が衰えを見せないことを考えると、被害想定の下方修正は妥当かどうかという疑問も生じます。

具体的に見ていきましょう。東京都防災会議は建物の損傷と犠牲者数が3割ほど減った理由について、住宅の耐震化が進んだため全壊戸数が減ったこと、また地震後に発生する火災で延焼が心配される「木造住宅密集地域」が減ったこと、などが挙げられています。

その一方、この想定では高速道路、鉄道、橋梁、トンネル、ビルなど都市のインフラが老朽化していることが考慮されていません。さらに、10年前と比べて首都圏の人口集中はさらに進んでおり、過密地域で地震災害が加算される過去の事例を考えると、犠牲者数は前回並みかむしろ多く想定されるべきではないかとも思えます。

実際、2021年10月に首都圏で震度5強の揺れを観測した千葉県北西部地震では、ライフラインに大きな被害が生じ多数の負傷者が出ました。実は、2005年にも同規模の地震が同じ場所で起きていたのですが、2021年の地震では2005年ではなかった水道管の漏水などインフラのトラブルが多発したのです。

２０２１年の地震では、日暮里・舎人ライナーの先頭3両が脱輪して緊急停車したことを記憶している方も少なくないでしょう。

インフラ劣化で拡大する被害

交通機関の不通により多数の帰宅困難者が出るなど、想定される首都直下地震よりも規模がはるかに小さいにもかかわらず、インフラ劣化で被害が思ったより拡大したことが、今後の首都直下地震でも懸念されます。

今後のシミュレーションでは、さらに進むインフラの劣化を考慮に入れるほか、増え続ける高層マンションなどの被害想定を盛り込むことも提言します。

さらに、地震による直接的な被害だけでなく、都市災害で看過されやすい項目に水害があります。東京の地下には多くの下水道がはりめぐらされていますが、それが破砕して地下鉄や地下街に下水が流れ込むと、多数の水死者が出る恐れがあるのです。

他にも、堤防が切れた河川から大量の水が海抜ゼロメートル地帯や地下鉄に流れ込む危険性があります。

関東大震災から100年目に当たる2023年に政府の地震調査委員会は、今後30年間の首都直下地震の発生確率を70％程度と見積もりました。すなわち、首都直下地震は明日起こるかもしれないし、30年後に起こるかもしれないのです。

リアルな「災害シナリオ」

東京都は2022年5月に見直した首都直下地震の被害想定で新たに「災害シナリオ」が加えられました。これは地震の発生から時間を区切り、発災直後、3日後、1週間後、1か月後に復旧はどう進むか、避難所での生活がどう変化するかを時系列で示したものです。

リアルなシナリオとして災害を想像することが備えには最も役立つ発想です。具体的に中身をみていきましょう。

発災直後には、未固定の家具が転倒し、エレベーター停止。3日後から、備蓄が枯渇し避難所へ移動、ゴミが回収されず悪臭が出るとされています。1週間後から、避難生活により心身の機能が低下し体調を崩し、１か月後から、体調を崩す人が増加していきます。そこに人手不足により自宅の修繕ができない、などが加わります。

東京都が10年ぶりに行った見直しでは、被害想定が３割ほど減ったことが話題になりましたが、「災害シナリオ」では数字に表せないさまざまな事象を取り上げました。すなわち、時間経過でイメージすることで、災害現場の状況に合わせて具体的に対応できるようにまとめたものです。

さらに、避難生活を送る際のシナリオも書かれています。発災直後には、帰宅困難者も避難所へ殺到。３日後から、自宅にいた人も加わり物資の不足でストレスが増加。１週間後から、高齢者の病状が悪化し避難者同士のトラブルが発生。１か月後から、避難者は減少するが略奪や窃盗など治安が悪化していく、などです。

２０１６年に震度7を観測した熊本地震では、直接の犠牲者の約4倍が震災関連死で亡くなり、地震後の対策が急務とされました。たとえば、地震直後から不足する医薬品をどう供給するかなどを、災害シナリオから前もって準備できます。

一般に自然災害では不意打ちを受けた際に被害が増大しますが、人は自分が経験したことしか対応できないものです。よって「災害シナリオ」を用いて疑似体験しておくことは災害を減らすため非常に効果があります。

1995年の阪神・淡路大震災と2011年の東日本大震災では、地震の直後は防災意識が高まり備蓄が進みましたが、時間とともに記憶が風化し首都直下地震と聞いても他人事になりかけています。

被害が最も大きくなると想定されるのは、大田区付近を震源とする「都心南部直下地震」で、23区の約6割で震度6強以上の強い揺れに襲われ最大5930人が犠牲になると試算されました。その内訳は建物倒壊による3209人、火災による2482人、家具の転倒などによる239人です。

東京都は2025年を目標に建物の耐震化を積極的に支援しています。確かに10年前と比べると建物も強くなり地震に対する性能自体は向上しました。しかし安心・安全の状態とはほど遠いというのが地球科学者としての私の実感です。

したがって、一人一人が自分や家族やコミュニティの「災害シナリオ」をつくり、首都直下地震で発生する災害の具体的なイメージを持って備えていただきたいのです。

「群衆雪崩」の危険性

２０２２年10月29日、ハロウィンで繁華街に集まった人が将棋倒しになり、１５０人以上が死亡する惨事が韓国ソウルでありました。これは「群衆雪崩（なだれ）」と呼ばれる現象で、日本でも２００１年に兵庫県明石市で花火大会の見物客が歩道橋に殺到し、胸部圧迫による窒息などで11人が死亡した例があります。

この群衆雪崩は大都市で直下型地震が発生したあとにも懸念されるものです。東日本大震災では、東京都心で震度５強を観測し、ライフラインが止まりました。金曜午後の発生だったため、多くの企業は社員に帰宅を促しましたが、鉄道が不通になり徒歩で帰宅を始めた人々で街があふれました。

国の推計ではこのとき、首都圏で発生した「帰宅困難者」の総数は１都４県で５１５万人に上り、東京都内だけでも３５２万人となり、人が折り重なって倒れる群衆雪崩が起きる寸前の状況だったのです。

近い将来に首都直下地震が起きると、都内だけで東日本大震災の１・３倍にあたる

453万人、また首都圏全体では最大800万人の帰宅困難者が発生すると予測されています。もし東日本大震災直後のように人々が一斉に歩いて帰ろうとすると、都内のターミナル駅周辺で群衆雪崩が起きる危険性はきわめて高いのです。

国の中央防災会議は、首都直下地震の震源となる場所を19か所想定し、今後30年間に70％の確率で発生すると予測。また、東京都は2022年5月に首都直下地震の被害想定を10年ぶりに見直し、最も大きな被害が想定される「都心南部直下地震」では、江東区や江戸川区など11の区で震度7の大揺れを観測し、23区の6割で震度6強以上になると予測しています。その結果、全壊建物の総数は8万2200棟に上り、最大約6150人の犠牲者が出ると推計しているのです。

「防災」から「減災」へ

実は、東日本大震災時の徒歩での帰宅を巡っては、大きな誤解が生じています。自宅まで20キロメートル以上を歩いて帰った人も多く、頑張れば徒歩で帰れるという意識が残ったのです。こうした「成功体験」から次回も帰れるだろうと思いがちになってしまいます。実際に東京大学の廣井悠教授の調査では、東日本大震災で家に帰れた帰宅困難者の84％が次の大地震でも同じ行動をすると答えています。

しかし、地震の規模が最大M7・3の首都直下地震が起きれば、首都圏の被害と混乱は東日本大震災とは比べものになりません。人々がパニックに陥ることで、群衆雪崩が発生するリスクもはるかに高くなるのです。

いつ起きても不思議ではない首都直下地震に対し、東京都は2013年4月に全国で初めて「東京都帰宅困難者対策条例」を施行し、道路の渋滞によって緊急車両が通れなくなる状況の回避などを図りました。さらに、都は都内の企業に対し社員が職場で3日間過ごせる水や食料などの備蓄を促し、帰宅できない通行人や観光客などが一時滞在できる施設の確保を進めています。

大規模な災害では、火災など二次災害から身を守ることも重要で、群衆雪崩に巻き込まれることも避けなければなりません。日中に首都直下地震が起きても、可能であれば直ちに自宅へ帰るのではなく、しばらく職場に留まって一時滞在施設を利用する行動を取ることを勧めています。そのためには、事前に家族で話し合い、災害時に連絡を取り合う方法や集合場所を決めておくとよいでしょう。

また企業・官庁・学校では水・食料・医薬品・簡易トイレ・発電機などを備蓄し、日ごろから首都直下地震に対する準備を進めておくことが、群衆雪崩を回避する最も効果的な対策となるはずです。

このような激甚災害を防ぐには、100％の成果をあげようと思っても無理があります。よって、現代では完全な「防災」ではなく、できる限りの「減災」を目指し、生活の中で小さな行動を起こすことで大地震による被害を少しでも減らすことに目標をシフトしました。

その一つが、首都直下地震で約640万〜800万人も発生するとされる、帰宅困難者を減らすための工夫です。帰宅困難者を減らすために、企業や官庁は数日間従業員が帰らなくても生活できるよう食料と水を備蓄するのです。

そして従業員は家族に一報だけ入れ、社内や官庁内に数日間留まるようにします。そうすることで、助かった人がケガをした別の人を助けるなど、被害を抑えることができるのです。

大都市での地震発生は必然のこと

地震は私たちの住んでいるところを選んで起きるのでは決してありません。また、先祖に科学の知識がなかったからでもありません。むしろその逆で人間は、地震の来るところに好んで住んでいるのです。その場所が住み心地よく、人間にとってさまざまな点で都合がよいから、延々と何千年も人間は「地震の巣」の上に住みついてきたのです（図版２－４）。

人の生活に欠かせない水について考えてみましょう。私の住む京都は、東と北と西の三方を山に囲まれた盆地にあり、それぞれ東山、北山、西山と呼ばれてきました。

この盆地の縁には花折（はなおり）断層と黄檗（おうばく）断層、北山断層、西山断層などの活断層があり、数千年おきに直下型地震を起こしてきました。また、琵琶湖の京都寄りには「琵琶湖（びわこ）西岸（せいがん）断層帯」がありますが、ここで発生する地震のマグニチュードは７・１と予測されています。

Ｍ７クラスの大地震が起きるたびに、山は隆起します。高くなった山では降雨のた

図版2−4　日本列島を襲った大地震

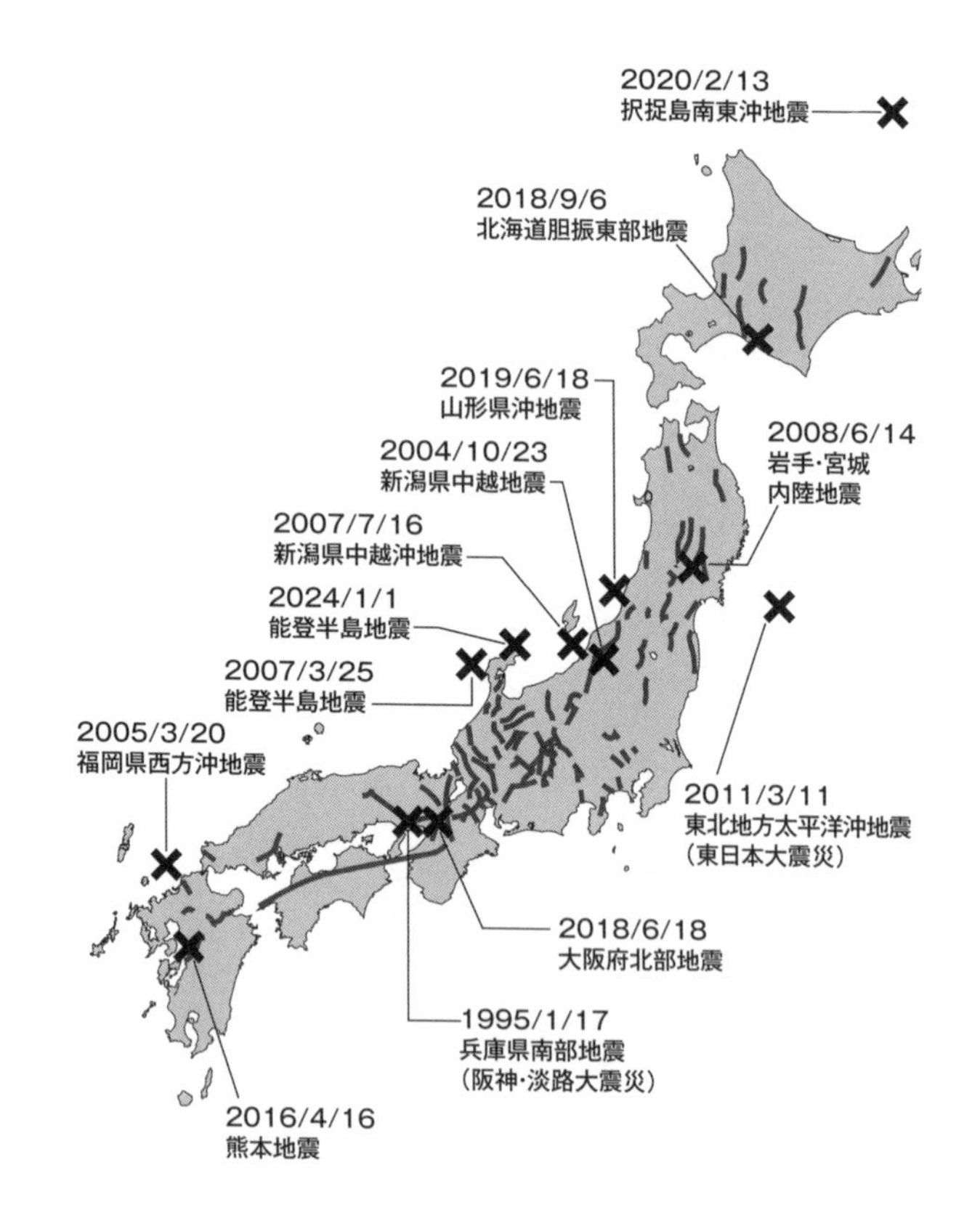

びに表面の土砂が流されます。その結果、長い年月をかけて土砂が盆地に流入し、堆積層をつくっていきます。こうして京都を囲む三方の山と中央の平らな盆地が、数百万年の時間をかけてできあがってきたわけです。逆に言えば、活断層がなければ京都盆地は存在しなかったのです。

　こうした盆地の下には、大きな水瓶（みずがめ）ができます。水を通しにくい固い基盤岩の上に、水を通す堆積層が何百メートルも重なっているからです。ここに貯えられた豊富な水が、京都盆地のまん中でこんこんと湧き出しています。

　この湧き水から酒をつくり、豆腐や湯葉をつくり、また京友禅（きょうゆうぜん）を洗ってきたのです。近年では、半導体による最先端エレクトロニクス産業もまた、京都盆地で潤沢に供給される水から生み出されました。

　すなわち、２０００～３０００年に1回起こる地震の営力が生み出した豊富な地下水を求めて、私たちの先祖は京都に都を造営し、産業を生み出し、そこに伝統と文化が生まれたのです。日本が世界に誇る文化と科学技術は、活断層がつくった水瓶のおかげ、とも言えるのです。

こうしてみると、水がある場所を求めて集まってきたのは人間のほうです。流入した土砂は風化し、肥沃な土壌となります。農作物はその肥沃な大地に育まれました。

もし、地震もなく断層による地面の隆起が起こらなければ、現在の京都の場所は丹波山地のような山々に囲まれた地域となっていたでしょう。そうなると、たくさんの人が集まることはできず、奈良から遷都されることもありえません。

人々が集まって都市に成長するためには、豊かな土壌と水の湧き出す広大な土地が必要でした。つまり、大地震は人口が集中した大都市のすぐそばに起こることが、初めから決まっているのです。

長いスパンで自然現象を捉える「長尺の目」

ところで、意外に思われるかもしれませんが、地震には「恵み」という面もあります。たとえば、居住や農業に適した平野や盆地は、平地の縁に地震を起こす断層があって山をつくってきたからできるのです。この山から流れてきた土砂が、豊かな土と平坦地をもたらしてくれました。

同じように、活断層の上には、山越えの街道となる谷ができます。温泉や湧き水をもたらすのも、岩盤を割る断層のおかげです。

すなわち、一時的に直下型地震という災害を受ける以外の長い時間、我々はこうした恵みを享受しているのです。見方を変えれば、直下型地震は数千年に1回しか来ないので、来たときに数十秒の大揺れをなんとかしのげばよいのです。

確かに、いつ起きてもおかしくない直下型地震への準備は大切ですが、このように長いスパンで自然現象を捉える見方も非常に大事です。私は「長尺の目」と呼んでいるのですが、専門としてきた地球科学の研究の中で培われてきた視点です。

時間的に、また空間的に大きなスケールで物事を捉える重要性を、私は30年以上も火山地域を調査する中で身につけました（写真5）。かつて「富士山から教わった長尺の目」というエッセイには、「ここから自然を畏れ敬う気持ちが、自然と生まれてきました」と書いたことがあります（鎌田浩毅著『知的生産な生き方』東洋経済新報社を参照）。

こうした「長尺の目」を持ちつつ日本列島で落ち着いて暮らすことも、とても大切なことではないだろうか、と私は考えています。

写真5　京都大学での地学実習

学生たちに火山噴出物を見せる著者

第3章

「西日本大震災」という時限爆弾

2040年までに連動で起こる南海トラフ巨大地震

今後、西日本で起こる三つの大地震

政府の地震調査委員会は、日本列島でこれから起きる可能性のある地震の発生予測を公表しています。全国の地震学者が集まり、日本に被害を及ぼす地震の長期評価を行っているのです。今後30年以内に大地震が起きる確率を、各地の地震ごとに予測しています。

たとえば、今世紀の半ばまでに、太平洋岸の海域で、東海地震、東南海地震、南海地震という三つの巨大地震が発生すると、予測しています。すなわち、東海地方から首都圏までを襲うと考えられている東海地震、また中部から近畿・四国にかけての広大な地域に被害が予想される東南海地震と南海地震です。

図版3−1　「海の地震」の震源域

これらが30年以内に発生する確率は、M8・0の東海地震が88%、M8・1の東南海地震が70%、M8・4の南海地震が60%という高い数値です（図版3−1）。しかもそれらの数字は毎年更新され、少しずつ上昇しているのです。

地震発生予測と緊急地震速報

地震の発生予測では二つのことを発表します。一つはいまから何%の確率で起きるのかです。巨大地震はプレートと呼ばれる2枚の厚い岩板(がんばん)の運動によって起きます。

プレートが動くと他のプレートとの境目に、エネルギーが蓄積されます。この蓄積が限界に達し、非常に短い時間で放出されると巨大地震となります。

プレートが動く速さはほぼ一定なので、巨大地震は周期的に起きる傾向があります。この周期性を利用して、発生確率を算出するのです。

たとえば100年くらいの間隔で地震が起きる場所を考えてみましょう。基準日（現在）が平均間隔100年の中に入っているケース、つまり、銀行の定期預金にたとえればまだ満期でない場合に、発生の確率は低くなります。しかし、基準日が満期に近づくと、確率は高くなります。実際には確率論や数値シミュレーションも使って複雑な計算を行います。

もう一つはどれだけの大きさ、つまりマグニチュードいくつの地震が発生するのかです。こちらは、過去に繰り返し発生した地震がつくった断層の面積と、ずれた量などから算出されます。

地震の予知は大変難しいので、現在は地震が起きてからできるだけ早く伝え、災害を減らすという方法もとられています。その一つが「緊急地震速報」という仕組みです（図版3―2）。

図版3−2　緊急地震速報の仕組み

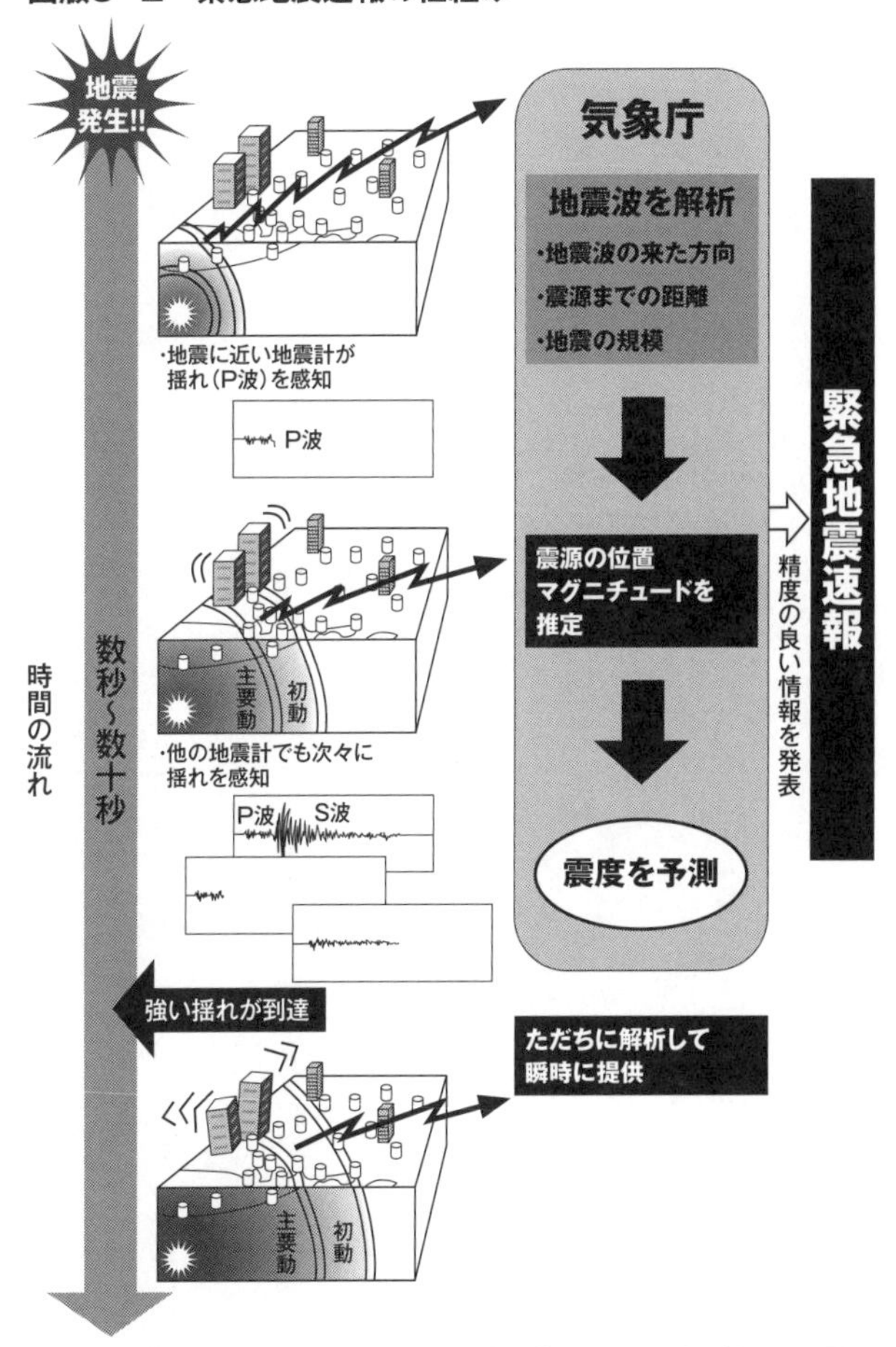

・わずか数秒でも、時間が経つにつれ精度は良くなるが、強い揺れには間に合わなくなる
・地震を検知してから発表する情報であり、「地震予知」ではない

いまから地震がやってくることを、大きな揺れが来る直前に、可能な限り迅速に知らせるのです。

緊急地震速報は、震源地から地震が発生した直後に出されます。そのために地震が起きる前に情報を出す「地震予知」とは区別されています。テレビ、ラジオ、スマートフォン、専用の端末機器などを通じて、揺れの始まる数秒から数十秒ほど前に、揺れの大きさ（震度）や地震が起きた場所（震源）を伝えます。

初めに気象庁から発表され、気象業務支援センターを通じて一般利用者に配信され、さらに企業や家庭の末端利用者へ二次配信が行われる仕組みです。緊急地震速報は最大震度が5弱以上の揺れを観測したときなどに発表されます。揺れの直前や揺れている最中に、リアルタイムで情報を伝達する、という点が最大の特徴です。

緊急地震速報の根底には、自分の身を自分で守るという発想があり、現在さまざまな場所で活用されています。エレベーターの運行停止、ガスの元栓の遮断、工場の生産ラインの停止、避難路の照明を自動で点灯、などが挙げられます。

ここで緊急地震速報の仕組みを具体的に見てみましょう。地下で地震が起きると、

P波と呼ばれる小さな揺れと、S波と呼ばれる大きな揺れが同時に発生します（図版３－２）。

P波は毎秒約７キロメートル、S波はこれよりも遅く毎秒約４キロメートルの速さでやってくるので、どの地域にもP波がS波より早く到着します。そのために英語で「最初に」の意味のPrimaryを用いてP波、また「次に」を意味するSecondaryを用いてS波と呼ばれているのです。

まず地震が起きる震源近くで、最初の小さな揺れのP波をキャッチし、大きな揺れのS波が到達する前に知らせるシステムを設置します。P波とS波の伝搬速度の差を利用することで、数秒から数十秒の間に地震の規模や震源を予測し、到達時刻や震度を発表しようというきわめて高度な技術です。

実際には、震源に最も近い観測点で地震波を捉えた直後から、震源の場所やマグニチュードなどの推定を始めます。マグニチュードや最大震度があらかじめ設定した基準を超えた瞬間に、緊急地震速報の第一報が発表されます。

その後、時間の経過とともに、少し離れた観測点でも次々と地震をつかまえます。

こうして増えたデータをもとに再計算を行い、精度を上げた第二報以降を、複数回にわたり発表していくのです。まさにコンピュータが得意とする仕事です。

この方法を用いて、東日本大震災の直後に運転中の東北新幹線では、すべての車輛にブレーキがかかって大きな事故を回避できました。「早期地震検知システム」と呼ばれるものですが、最初の揺れが来る9秒前、また最大の揺れが来る1分10秒前に非常ブレーキがかかり、新幹線はただちに減速を始めたのです。地震発生時に東北新幹線は27本の列車が走行中でしたが、幸いどの列車も脱線することなく停車しました。

JR東日本は、東北新幹線の沿線と太平洋沿岸に地震計を設置しています。地震によって地面の動く加速度が120ガル（加速度の単位。速度が1秒あたり1センチメートルずつ速くなる状態）を超えると自動的に電気の供給が遮断され、走行中のすべての新幹線では非常ブレーキがかけられます。こうして高速運転中の脱線による大事故を未然に防ぐことができたのです。

緊急地震速報の弱点

ところで、緊急地震速報には弱点もあります。大きな地震の直前に、緊急地震速報が出るときと出ないときがあるのです。たとえば、地震の震源に近い地域では、緊急地震速報の前に強い揺れのS波が来てしまい間に合わない。また、短時間の限られたデータを解析した速報であるため、予測した震度が実際の震度と異なる、という技術的な限界もあります。

東日本大震災が起きてから、緊急地震速報が出される回数が非常に増えましたが、速報が出ても揺れを感じないことを何度も経験した方がおられるでしょう。いわゆる緊急地震速報の「空振り（からぶり）」です。

気象庁は、緊急地震速報を受け取ったすべての地域で、震度3以上を観測した場合は「適切」とし、一つでも震度2以下を観測した場合は「不適切」と評価しています。調べてみると、これまでに出された6割ほどが「不適切」なものでした。つまり、東日本大震災以降に精度が大幅に落ちたのです。

これはM9・0という巨大地震の発生により余震が多発し、離れた場所でほぼ同時に余震が到達したことがその原因です。

現在のシステムでは、複数の観測データの分離がうまくできず、緊急地震速報の空振りがゼロにはなりません。

2020年7月30日に関東甲信、東海、東北地方で緊急地震速報の「誤報」が発生し、気象庁が会見でおわびしました。その原因は、緊急地震速報の処理過程で本来の震源と異なる位置に震源を決定しM7・3という過大な値が出たからです。

もしこのような状況が頻発するとすれば「オオカミ少年効果」が生じて、地震への警戒感が薄れる恐れが出ます。しかし、緊急地震速報は一刻も早く予測を出すためのシステムであり、「空振り」があることよりも「見逃し」の少ないことを重視すべきだ、と私は思います。

たとえば、SNSでは先の事例でも「誤報でよかった。危機感が出て身構えます」「逆のことが起きるよりよっぽどマシ」という意見が多かったそうです。

緊急地震速報を受けたあと揺れが来るまでには、ごくわずかな時間しかありません。速報が出たら自分の身を守ることを第一に行動し、大揺れが来なかったら「よかった」と思っていただきたいと考えています。

緊急地震速報を聞いたらどう行動するか

では、緊急地震速報が出たら何をすればよいのでしょうか。緊急地震速報を見たり聞いたりしたら、ただちに大きな家具から離れ、頭を保護し丈夫な机の下などに隠れます。扉を開けて避難路を確保しますが、あわてて外へは飛び出してはいけません。ガス台など火のそばにいる場合は、落ち着いて火の始末をします。一方、火元から離れている場合は、無理をして消火しようとせず、自分の身を守ることを優先します。速報が出てから実際に揺れるまでにできることは、非常に限られます。よって、ガスの元栓を閉めるよりも、自分の身を守ることを勧めているのです。

屋外を歩いている場合は、ブロック塀（べい）の倒壊や自動販売機の転倒に注意します。さらに、ビルから落下してくるガラス、壁、看板に注意し、ビルの近くからできるだけ離れるようにしましょう。

車の運転中であれば、後続車が緊急地震速報を聞いていない可能性を考慮し、急にはスピードを落とさないようにします。まずハザードランプを点灯しながら周囲の車に注意を促し、徐々にスピードを落とさなければなりません。

もし、大きな揺れを感じたら、急ハンドル・急ブレーキを避け道路の左側へ停車します。列車やバスの中では、つり革、手すりなどにしっかりとつかまるようにします。

最後に、メンタルの課題を指摘しておきましょう。生涯に初めてという規模の大地震に遭遇すると、誰でも気が動転します。ここで冷静な気持ちに戻れるかどうかが、サバイバルではキーポイントになるのです。

動揺すればするほど通常の判断力を失い、時にはパニックに陥ります。たとえば、緊急地震速報を聞いたあとに、たくさんの人があわてて出口や階段へ殺到する行動が懸念されています。心の動揺が災害を増幅する、と言っても過言ではないのです。

パニックを起こさないためには、周囲の人に声を掛けてみることが大切です。知らない人でもかまいません。話をすれば少し心が落ち着き、次に何をすべきかが見えるでしょう。緊急時のこうしたコミュニケーションが、二次災害を大きく減らすことにつながるのです。

東京都は防災ホームページの「帰宅困難者の行動　心得10か条」の中で、「あわてず騒がず、状況確認」「声を掛け合い、助け合おう」の2項目を挙げています。私の経験からも、緊急時に人と言葉を交わすことは、動揺を防ぐためにとても効果があると思います。

緊急地震速報は、震源地と地震の揺れを感じる場所が遠ければ遠いほど、時間をかせぐことができます。つまり震源地が遠方の海域の場合、私たちが生活している陸域までかなりの距離があるので、速報を受けてから実際の大きな揺れが来るまでにいろいろな準備をすることができます。

しかし、もし震源が自分の真下の場合はそうはいきません。いま、心配されている首都直下地震のような場合です。P波とS波はほぼ同時に来てしまい、緊急地震速報が出てから実際の揺れが来るまでの時間はきわめて短いでしょう（図版3－2）。

220兆円を超える経済被害

地震学が我が国に導入されて地震の観測が始まったのは、明治になってからです。

それ以前の地震については観測データがないので、古文書（こもんじょ）などを調べて、起きた年代や震源域を推定しています。その結果、私たちが現在、最も心配している地震の第一は、これから西日本の太平洋沿岸で確実に起きるとされている巨大地震です。

東海から四国までの沖合では、過去に海溝型の巨大地震が、比較的規則正しく起きてきました。こうした海の地震は、おおよそいつ頃に起きそうかが計算できます。この点が、1000年以上のスパンで、いつ起きるとも起きないともわからない活断層のもたらす直下型地震と大きく違うのです。

次に必ず来る巨大地震の予想される震源域は、西日本の太平洋沖の「南海トラフ」と呼ばれるところにあります。東日本大震災の主役は太平洋プレートでした。しかし次回の主役は、その西隣にあるフィリピン海プレートです。海のプレートが西日本に沈み込む南海トラフは、いわばフィリピン海プレートの旅の終着点です。

太平洋プレートの終着点は「日本海溝」や「伊豆・小笠原（おがさわら）海溝」と呼び、フィリピン海プレートの終着点は「南海トラフ」と呼ぶのですが（図版1－1）、ここで海溝とトラフという言葉の違いについてお話ししておきましょう。

トラフは日本語では「舟状海盆」です。読んで字のごとく舟の底のような海の盆地です。海の中になだらかな舟状の凹地形をつくりながら、プレートは沈み込んでいきます。それに対して「海溝」は、プレートが急勾配で沈み込んでいく場所にできる、深く切り立った溝です。

海溝もトラフもプレートの終着点にできるものですが、地形の違いによって、名前を分けているのです。日本列島の周辺にはトラフとしては他に、沖縄トラフ、相模トラフ、駿河トラフなどがあり、また海溝としては日本海溝、伊豆・小笠原海溝、マリアナ海溝、千島海溝、琉球海溝などがあります。

さて、南海トラフの海域で起こる東海地震・東南海地震・南海地震の三つについて、近年さかんに発生の危険性が高まったと騒がれています。南海トラフ沿いの震源域の近傍には、太平洋ベルト地帯という大工業地帯・産業地域があります。ここで巨大地震が発生すれば日本の産業経済を直撃することは免れません。

その経済被害は２２０兆円を超えると試算されており、東日本大震災の被害総額（約20兆円）の10倍以上とも言われています。そしてこれらの震源域はきわめて広いことから、首都圏から九州までの広域に甚大な被害を与えると想定されているのです。

南海トラフ沿いの巨大地震は、90〜150年おきに起きるという、やや不規則ではあるのですが周期性があることがわかってきました（図版3－3）。

こうした時間スパンの中で、3回に1回は超弩級の地震が発生しているのです。その例としては、1707年の宝永地震と、1361年の正平地震が知られています。

実は、これから南海トラフ沿いで必ず起きる次回の巨大地震は、この3回に1回の番に当たっています。すなわち、東海・東南海・南海の三つが同時発生する「連動型地震」というシナリオです。

具体的に地震の規模を見てみましょう。1707年宝永地震の規模はM8・6だったのですが、近い将来起きる連動型地震はM9・1と予測されています。すなわち、東日本大震災に匹敵するような巨大地震が西日本で予想されるのです。

南海トラフ巨大地震は確実に起きる

なお、三つの地震は、比較的短い間に連続して活動することもわかっています。そ

図版3−3　南海トラフ沿いで周期的に起きる巨大地震

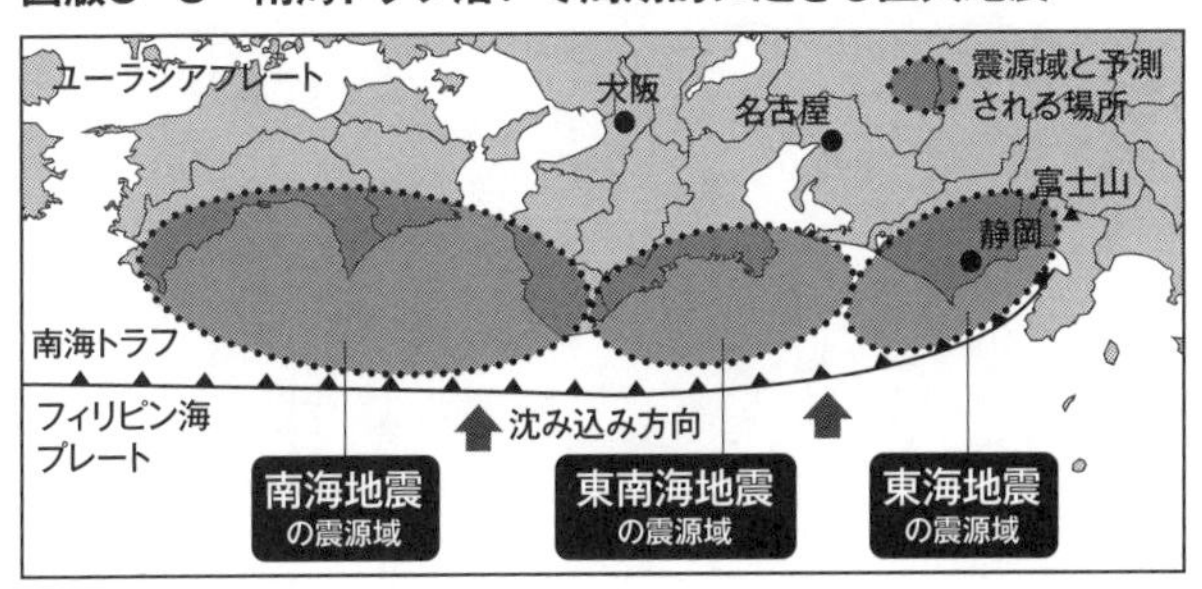

2040年｜2030年　南海トラフ巨大地震（M9.1）

2024年

空白域170年以上

1946年　昭和南海地震（M8.0）　1944年　昭和東南海地震（M7.9）

1854年　安政南海地震（M8.4）　1854年　安政東南海地震（M8.4）　90年

1707年　宝永地震（M8.6）　147年

1605年　慶長地震（M7.9）　102年

の順番は、名古屋沖の東南海地震→静岡沖の東海地震→四国沖の南海地震というものです。

過去の起き方を見ると、前回は１９４４年（昭和19年）の昭和東南海地震のあと昭和南海地震が2年の時間差で１９４６年（昭和21年）に発生しました（図版３－３）。

また、前々回の１８５４年（安政元年）には、同じ場所が32時間の時間差で活動しました。さらに3回前の１７０７年（宝永4年）では、三つの場所が数十秒のうちに活動したと推定されています。

こうした事例は、今後の対策にも参考になります。すなわち、名古屋沖で地震が起きてから準備しようと思っても、間に合わない場合があるのです。数十秒の差で地震が次々と発生しては、対応のしようがまったくありません。

さらに、理由はわかっていませんが、過去の例では冬に発生する確率が高いこと、また南海トラフ沿いの巨大地震が起きる50年ほど前から、日本列島の内陸部で地震が頻発するようになる、といった事実も判明してきました。

実際、20世紀の終わり頃から内陸部で起きる地震が増加しています。たとえば、１

９９５年に阪神・淡路大震災を引き起こした兵庫県南部地震のあと、２００４年の新潟県中越地震、２００５年の福岡県西方沖地震、２００８年の岩手・宮城内陸地震などの地震が次々と起きています。

　巨大地震の起きる時期を日時の単位で正確に予測することは、残念ながらいまの技術では不可能です。しかし、過去の経験則やシミュレーションの結果から、西暦２０３０〜２０４０年に発生するという予測がされています。

　この数字がどうやって得られたかを見ていきましょう。地球科学で用いる方法論の「過去は未来を解く鍵」を活用するのです。最初に、南海地震が起きると地盤が規則的に上下するという現象を取り上げます。南海地震の前後で土地の上下変動の大きさを調べてみると、１回の地震で大きく隆起するほど、そこでの次の地震までの時間が長くなる、という規則性があります。これを利用すれば、次に南海地震が起きる時期を予想できるのです。

　具体的には、高知県室戸岬の北西にある室津（むろつ）港のデータを解析します。地震前後の地盤の上下変位量を見ると、１７０７年の地震では１・８メートル、１８５４年の地

図版3－4　室津港で観測された地震隆起のパターン

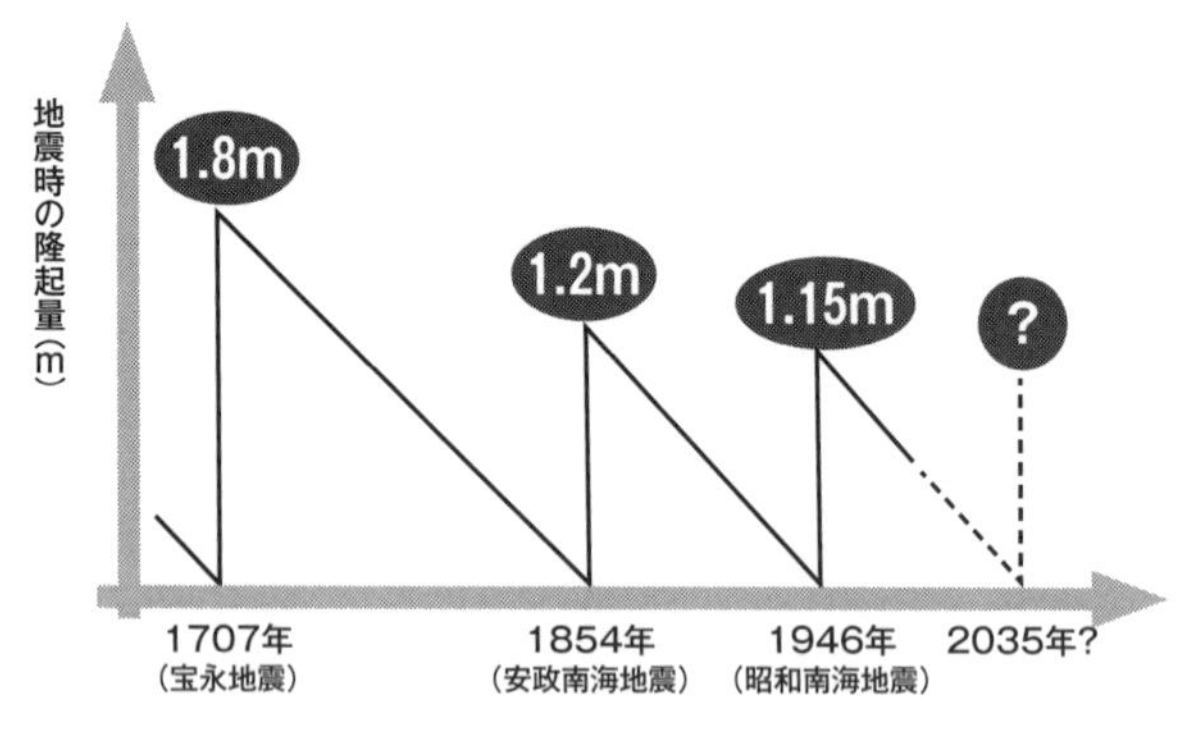

震では1・2メートル、1946年の地震では1・15メートル隆起しました（図版3－4）。

すなわち、室津港は南海地震のあとでゆっくりと地盤沈下が始まって、港は次第に深くなりつつあったのです。そして、南海地震が発生すると、今度は大きく隆起しました。その結果、港が浅くなって漁船が出入りできなくなりました。

こうした現象が起きていたことから、江戸時代の頃から室津港で暮らす漁師たちは、港の水深を測る習慣がついていたのです。

図版3－4で年号の上に伸びている縦の直線は、その年に起きた巨大地震によって地面が隆起した量を表しています。1707年で

は1・8メートル隆起しました。さらに、ここから右下へ斜めの直線が続いていますが、これは1・8メートル隆起した地面が時間とともに少しずつ沈降したことを意味します。

その後、毎年同じ割合で低くなって、1854年に最初の高さへ戻りました。すなわち、1707年にプレートの跳ね返りによって数十秒で1・8メートルも隆起した地盤が、1854年まで147年間という長い時間をかけて元に戻ったのです。

これと同じ現象は、1854年と1946年の巨大地震でも起きています。ただし、1854年には1・2メートル、1946年では1・15メートルと、隆起量は少し異なっています。

そして図版3－4には重要な事実が隠れています。先ほど述べた右下へ続く斜めの線を見ると、1707年から1854年まで、そして1854年から1946年まで、という2本の斜め線が平行です。

これは巨大地震によって地盤が隆起した後、同じ速度で地面が沈降してきたことを意味しています。こうした等速度の沈降が南海トラフ巨大地震に伴う性質、と考えて将来に適用するのです。すなわち、1回の地震で大きく隆起するほど次の地震までの時間が長くなる、という規則性を応用すれば、長期的な発生予測が可能となります。

この現象は海の巨大地震による地盤沈下からの「リバウンド隆起」とも呼ばれています。1707年のリバウンド隆起は1・8メートル、また1946年のリバウンド隆起は1・15メートルでした。そこで現在に最も近い巨大地震の隆起量1・15メートルから、次の地震の発生時期を予測できます。

今後も1946年から等速度で沈降すると仮定すると、ゼロに戻る時期は2035年となります（図版3－4）。これに約5年の誤差を見込んで、2030～2040年の間に南海トラフ巨大地震が発生すると予測できるのです。中央値を用いた別の言い方をすれば2035年±5年となります。

繰り返される活動期と静穏期

次に、内陸地震の活動期と静穏（せいおん）期の周期から、海で起きる巨大地震の時期を推定する方法があるので紹介しましょう。これまでの研究で、先述したように南海トラフで

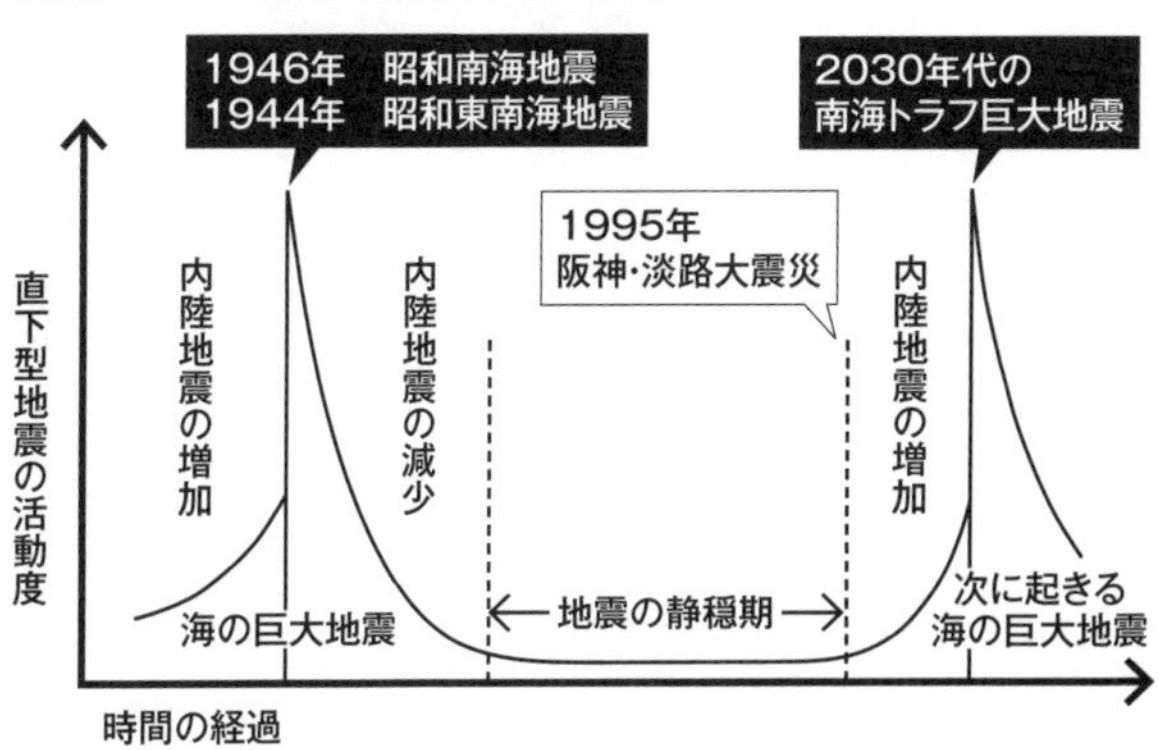

巨大地震が起きる40年ほど前から、日本列島の内陸部で地震が増加するという現象が判明しています（図版３−５）。事実、20世紀の終わり頃から内陸部で起きる地震が増加しています。

たとえば、１９９５年に阪神・淡路大震災を引き起こした兵庫県南部地震のあと、２００４年の新潟県中越地震、２００５年の福岡県西方沖地震、２００８年の岩手・宮城内陸地震などの地震が次々に起きました。

その後も、熊本地震（２０１６年）、大阪府北部地震（２０１８年）、北海道胆振東部地震（２０１８年）など、震度６〜７の直下型地震が起きています。このように内陸地震の活動期と静穏期は交互に繰り返されることがわかっており、現在はまさに活動期に入っているのです。

実は、１９９５年の阪神・淡路大震災の発生は、内陸地震が活動期に入った時期に当たります（図版３－５）。すなわち、南海トラフ巨大地震が発生する40年くらい前と、発生後10年くらいの間に、西日本では内陸の活断層が動き、地震発生数が多くなる傾向が顕著に見られます。

したがって、過去の活動期の地震の起こり方のパターンを統計学的に求め、それを最近の地震活動のデータに当てはめてみると、次に来る南海トラフ巨大地震の時期が予測できるというわけです。

地震活動の統計モデルから次の南海地震が起こる時期を予測すると２０３８年頃という値が得られています。これは前回の南海地震からの休止期間を考えても、妥当な時期です。たとえば、前回の活動は１９４６年であり、前々回の１８５４年から92年後に発生しました。

南海地震が繰り返してきた単純平均の間隔が約１１０年であることを考えると、92年はやや短い数字です。しかし、１９４６年の92年後は２０３８年なので、最短で起きる前提で準備するには不自然な数字ではありません。

こうして複数のデータを用いて求められた次の発生時期は、西暦２０３０年代と予測されるのです。よって、どんなに遅くとも２０５０年までには次の巨大地震が確実に日本を襲うだろう、と私も考えています。

なお、南海トラフで起きる巨大地震の連動は、２０１１年の東北地方太平洋沖地震が誘発するものではなく、独立して起きる可能性が高いと考えられています。

というのは、地震を起こした太平洋プレートと、三連動地震を起こすフィリピン海プレートの二つのプレートは、別の方向に移動しており、沈み込む速度も異なるものだからです。

言うなれば、別の方向に動く畳と、別の時計を持った畳の話だからです。なお、東海地震を予知するために海底に設置されたひずみ計は、東日本大震災直後に特に何の変化も示していません。

地震学では予知現象の一つとして、巨大地震の前に少しプレートが滑る現象が知られています。「プレスリップ」と呼ばれるゆっくりとした滑り現象ですが、これをつかまえようと日々観測が続けられています。

東日本大震災ではM9・0に達する巨大地震が起きましたが、こうしたプレスリップは確認されませんでした。海溝型の巨大地震の発生前にプレスリップが観測されるかどうかは、現在でも研究中の最先端の課題です。我々地球科学の専門家には、未知の現象が山積しているのです。

西日本の巨大地震の連動は、おそらく、東日本大震災とは関係なしに、南海トラフ上のスケジュールに従って起きるだろう、と私は考えています。こうした情報を、次の危機を乗りきるためにぜひ活用していただきたいと願っています。

東日本大震災の10倍超の被害が想定される西日本

さて、東海、東南海、南海の巨大地震が一緒に起きる三連動地震の話をしてきましたが、最近の研究でこれがもう一つ増える話が出てきました。すなわち、「三連動地震」が「四連動地震」になるかもしれないという予測です。「西日本大震災」と我々が警戒している巨大地震の規模が、さらに大きくなるのです（鎌田浩毅著『西日本大震災に備えよ』ＰＨＰ新書）。

過去の西日本では、８８７年（仁和地震）、１３６１年（正平地震）、１７０７年（宝永地震）と、３００～５００年間隔で連動型巨大地震が起きていました。そして次回は２０３０年代に起きると予測されていることは、すでに述べたとおりです。

そもそも地震の規模は、震源域の大きさで決まります。たとえば、東北地方太平洋沖地震は、地震予測の根拠となる震源域の面積がかつて想定していないほど大きかったために、被害が予想よりも甚大になりました。

これまで西日本で起きると想定した三連動地震の震源域は、南海トラフ沿いに６００キロメートルほどの長さがあります（図版３－３）。これは、東北地方太平洋沖地震（約５００キロメートル）を超える規模のものです。

こうした長大な震源域で次々と岩盤が滑ると、強い揺れと大きな津波をもたらします（写真６）。東日本大震災と同じか、もしくはそれ以上の激甚災害が、次は西日本で起きるというわけです。

最近、もう一つ西方の震源域が連動する可能性がある、という新しい研究結果が出てきました。１７０７年、南海トラフ西端で琉球海溝の接続部において大地震が起きていることがわかりました。つまり、南海地震の震源域の西に位置する日向灘（ひゅうがなだ）（宮崎県沖）が連動していたことが明らかになったのです（図版３―１）。

　このことから、２０３０年代に起きる地震は、三連動地震にもう一つ加わる「四連動地震」となる恐れがあるのです。この場合、震源域の全長は７００キロメートルに達し、これまでの想定Ｍ８・７を超えるＭ９クラスの「超」巨大地震となります。

写真6　1946年に発生した南海地震の被災状況

高知市のホームページによる

最大20メートル級の津波も

　このような超巨大地震では、津波が特に大きくなるという特徴があります。東日本大震災では、日本海溝沿いの深い場所で地震が起きたあとに、浅い場所でも地震が起こって巨大な津波が発生しました。南海トラフ沿いの超巨大地震でも、このような二つのステップの地震発生が起きる可能性があります。

換言すれば、四連動地震の震源域の太平洋側（南側）にある浅い場所でも地震が起き、大津波が起きるというわけです。図版３－１の震源図では「南海トラフ寄りの領域」として示した部分において発生する津波です。この場合には高さ最大20メートル級の津波も予想され、過去に実施してきた防災対策は、すべてこうした連動地震用に見直す必要があるでしょう。

昨今、巨大地震の予測は研究の進展により毎月のように変わっています。マグニチュードも地震発生確率も、新しい観測データやシミュレーション結果が得られると、数字が大きく変わる可能性があるのです。そのためにも毎年発表される最新の情報に注意を向けていただきたいと思います。

地球科学の現象は、前提とする数字が変化することで、予測が大きく変わることを知っておいていただきたいと思います。また、算出された原理をよく理解し、報道された数字に前向きに対処することが、自らの身を守ることにつながるのです。

第4章

南海トラフ巨大地震が誘発する富士山噴火

火山噴火のリスクが高まった日本列島

巨大地震の後に火山が噴火

海溝型の巨大地震が発生すると、しばらくしてから火山が噴火することがあります。地震が起きると地面にかかる力が変化します。その結果、地下で落ち着いているマグマの動きを刺激して、噴火を誘発することがあるのです。

東日本大震災のあと数十年くらいのうちに、日本に111個ある活火山のいくつもが噴火することを、私たち火山学者は懸念しています。

地震と噴火の関係はこれまでもいろいろと調べられています。たとえば、東北地方で過去150年ほどの間に起きた巨大地震を見ると、その前後で活火山が噴火していることが知られています。

日本ではあまり報道されなかったのですが、2004年12月にスマトラ島沖で巨大地震が起きたあと、２００５年4月から複数の火山で噴火が始まりました（図版１―2）。さらに1年5か月後にはジャワ島のムラピ山から高温の火砕流（かさいりゅう）が噴出し、２０１０年には３００人を超える犠牲者が出ました。インドネシアも世界有数の火山国であり、活火山の総数は１２９個もあります。

また、インドネシアや日本と同じように海のプレートが沈み込む南米のチリでも、巨大地震が噴火を誘発した例があります。世界最大の地震と言われる１９６０年のチリ地震（Ｍ９・５）の2日後に、コルドン・カウジェ火山が噴火しました。

さらに２０１０年に起きたＭ８・８のチリ地震の1年3か月後にもこの火山は噴火し、Ｍ９クラスの巨大地震が誘発したものと考えられています。

したがって、地下の条件がとてもよく似ている日本でも、巨大地震が引き金となって噴火が始まってもまったく不思議ではありません。

それを物語るように、東日本大震災以降に地下で地震が増加した活火山があります。たとえば、神奈川・静岡県境にある箱根山では、3月11日の巨大地震の発生直後から小規模の地震が急に増えました。

この他にも地震が増えた活火山は、関東・中部地方の日光白根山、乗鞍岳、焼岳、富士山。伊豆諸島の伊豆大島、新島、神津島。九州の鶴見岳・伽藍岳、阿蘇山、九重山。南西諸島の中之島、諏訪之瀬島などがあります（図版4－1）。

いずれも地震直後から地下で地震が急激に増えた点が注目されています。いまのところ火山活動に目立った変化は見られませんが、インドネシアやチリでも見られたように今後の数年間は監視が必要と考えられます。

ここでのポイントは、噴火が起きるのが数日後だったり、数年後だったりとまちまちであることです。

東日本には明治時代以降に規模の大きな噴火を起こした活火山がいくつかあります。福島県の磐梯山は1888年に大噴火を起こし、山体崩壊といわれる大きな山崩れが発生しました。「会津富士」と呼ばれたように富士山型のきれいな形をしていた磐梯山は、馬蹄形、つまりドーナツの片方をかじってしまったような形になってしまいました。こうした山体崩壊の堆積物の記録写真が、噴火の直後に明治天皇へ献上されています。

　また北海道駒ヶ岳も激しい噴火をしています。函館観光に行かれた方は大沼国定公園の美しい姿が記憶に残っているかもしれません。あの素晴らしい風景をつくり出した駒ヶ岳も１９２９年に火砕流を噴出し、多数の死傷者を出しました。

　近年では、福島県中部にある安達太良山が１９９７年に水蒸気爆発を起こし犠牲者を出しました。その他にも、大きなニュースにはなりませんでしたが、長野・岐阜県境の安房峠の北西に位置するアカンダナ山、青森県の八甲田山などの活火山では、水蒸気爆発や火山ガスの噴出などの小規模な噴火を起こしています。

火山学的に富士山は「１００％噴火する」

　ここで日本人の心、富士山のお話をしましょう。葛飾北斎（１７６０〜１８４９）や横山大観（１８６８〜１９５８）など富士山に心を奪われその雄姿を描き上げた画家は数多く、名画もたくさんあります。富士山を題材とした小説や詩歌も枚挙にいとまがありません。

　私は仕事柄、富士山関連の書籍は見つけたら必ず購入しているのですが、その数の多さには驚きますし、冬の晴れた日に新幹線の車窓から富士山を見ると、思わず合掌(がっしょう)したくなります。近くに外国からの旅行者がいると、成り立ちを説明してあげたいとさえ思います。

しかし、その富士山が活火山であり、いつ噴火してもおかしくはないことを知る人は、決して多くありません。日本人の富士山に対する思い入れを見るにつけ、この山が100%噴火することを伝えておかなければならない自分に、ときどきため息が出ます。

次に起こる巨大地震が噴火を誘発する可能性としては、富士山も例外ではありません。東日本大震災の4日後の3月15日には、富士山頂のすぐ南の地下でM6・4の地震が発生しました（図版4－1）。

最大震度6強という強い揺れがあり、震源に近い静岡県富士宮(ふじのみや)市内では建物の天井のパネルが落下し、2万世帯が停電しました。

また、震源は深さ14キロメートルだったため、マグマが活動を始めるのではないかと私たち火山学者は危惧しました。

図版4−1　東日本大震災の直後に地下で地震が増えた活火山

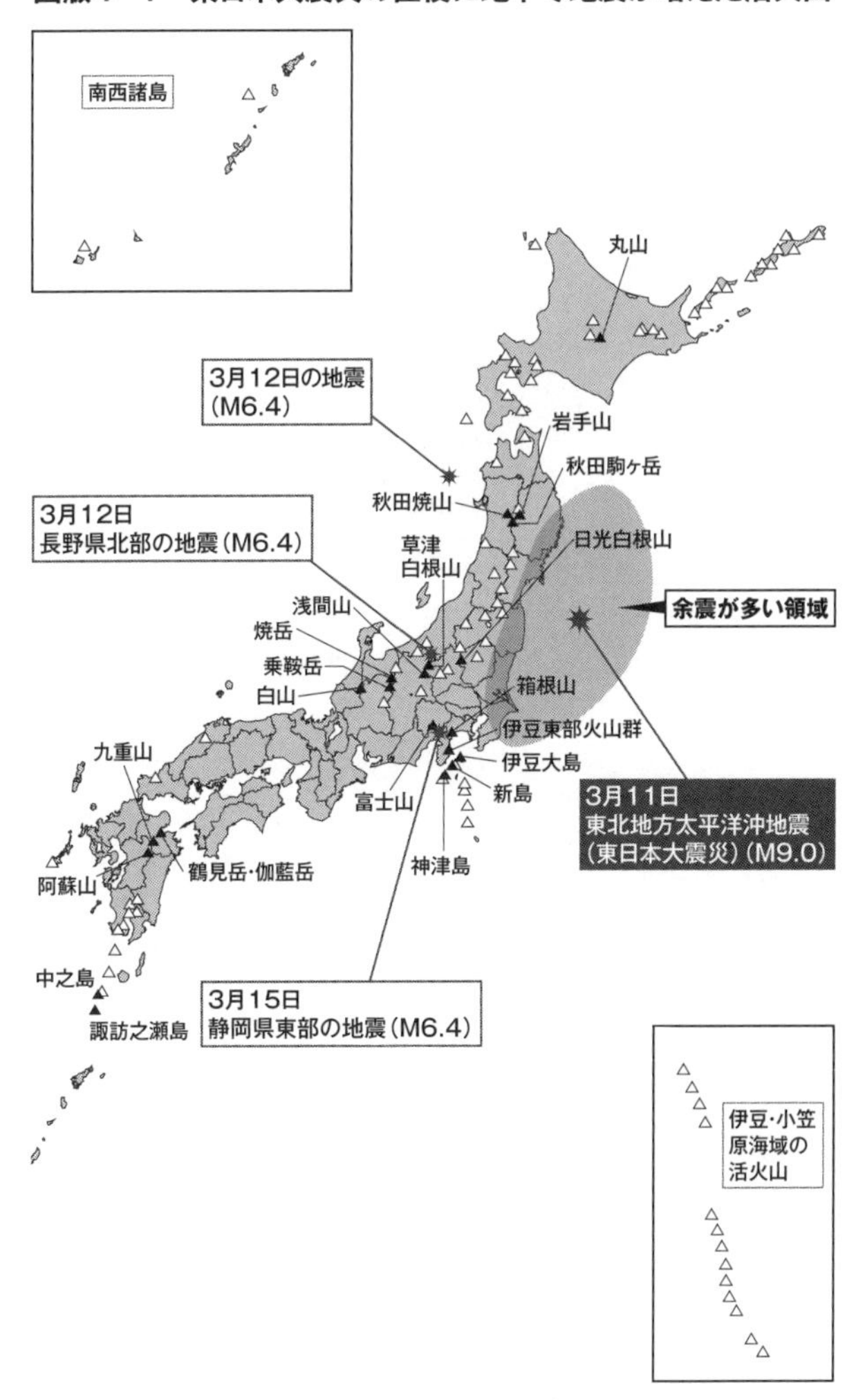

図版4−2　富士山の地下構造と断面図

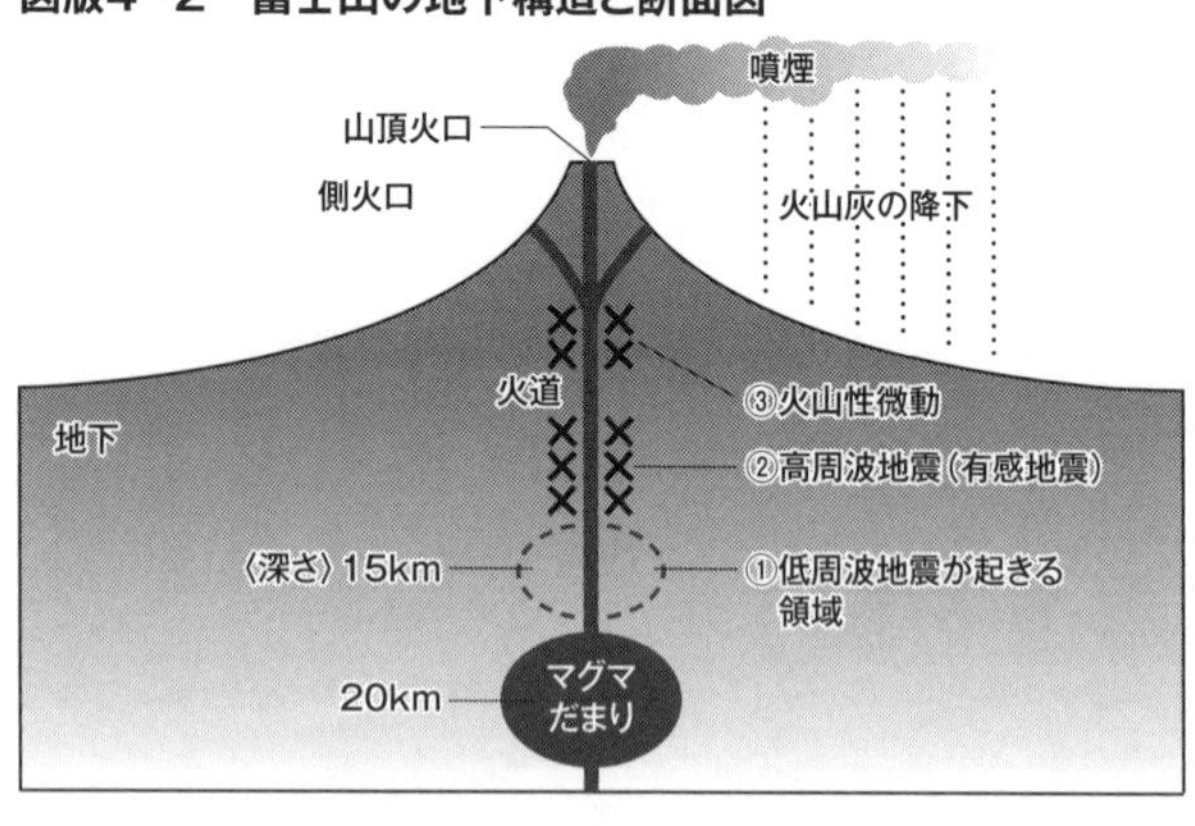

富士山のマグマは地下20キロメートルあたりで大量に溜まっています。そのわずか5キロメートル上で、かなり大きな地震が起きたのです。そんなところでマグマを揺らさないでくれ、と私は本当に思いました。幸い現在のところ、富士山噴火の可能性が高まったことを直接示す観測データは得られていません。

一方、富士山周辺のGPSの測定結果は、東北地方太平洋沖地震の発生後に、富士山の周辺地域が東西方向へ延びていることを示しています。地下約20キロメートルにあるマグマだまり直上の15キロメートル付近では、マグマの動きに関連してユラユラ揺れる地震（低周波地震）がときどき発生しているのです

（図版４－２）。

こうした場所で地盤が拡大すると、マグマの動きに関して二つの可能性が生じます。すなわち、①地下深部のマグマが地表へ出やすくなる場合と、②拡張した地盤の中にマグマが留まるため出にくくなる場合、の二つです。

果たして富士山はどちらを選ぶのか、いまのところわかっていません。とにかくいつ変化してもまったく不思議はないので、24時間体制での注視が必要なのです。

南海トラフ巨大地震の後に富士山が噴火

さて、地質学では「過去は未来を解く鍵」と言いますので、かつて富士山が噴火した様子を見てみましょう。前回の噴火は３００年前の江戸時代ですが、太平洋の海域で二つの巨大地震が発生したあとでした。

まず、１７０３年に元禄関東地震（Ｍ８・２）が起きましたが、その35日後に富士山が鳴動を始めたのです。さらに、４年後の１７０７年には、宝永地震（Ｍ８・６）が発生しました。この宝永地震は前章で述べたような数百年おきにやってくる「三連動地震」の一つです。

ちなみに、予想されていた「三連動地震」は、起きる順番が決まっています。最初に東南海地震（名古屋沖）から始まるはずで、次に東海地震（静岡沖）、そして最後に南海地震（紀伊半島沖）と続きます。

その宝永地震の49日後に、富士山は南東斜面からマグマを噴出し、江戸の街に大量の火山灰を降らせました。新幹線の車窓から北側に聳（そび）える富士山を見ると、右側にぽっかりと大きな穴が開いていることに気づきます。これはそのときに開けた火口で、「宝永火口」と呼ばれています（写真8、２１０ページ参照）。１７０７年12月の噴火は、富士山の歴史でも最大級の噴火でした。

宝永噴火では、直前に起きた二つの「海の地震」が、地下のマグマだまりに何らかの影響を与えたと考えられています。すなわち、地震によってマグマだまりにかかる力が増加し、マグマを押し出した可能性があるのです。

もう一つの可能性としては、巨大地震によってマグマだまりの周囲に割れ目ができ、噴火を引き起こしたとも考えられます。マグマ中に含まれる水分が、マグマだまりの圧力の低下で水蒸気となって沸騰します。このときに体積が１０００倍近く急増し、外に出ようとして地上から噴火するのです。周辺の割れ目にマグマが入って落ち着かなくなった例と言ってもよいでしょう。

噴火の引き金にはいくつもの原因が考えられますが、マグマの中にある「水」がその鍵を握っています。マグマの中で水がどのようなきっかけで水蒸気になるのかがポイントですが、これは火山学上の第一級のテーマとなっています。ちなみに、そのあたりのくわしいメカニズムは拙著『地球は火山がつくった』（岩波ジュニア新書）にくわしく書きましたので、興味のある方はご参考にしてください。

噴火の予兆は1か月ほど前に現れる

富士山の地下では最近、地盤が広がっていることが確認されています。２００９年に富士山が北東－南西方向に1年当たり2センチメートルほど伸張したことが観測されました。このときは、地下で東京ドーム8杯分の量のマグマが増加したと推定されています。

その後、こうした地盤の伸びは鈍くなっているのですが、もし今後、富士山の地下で低周波地震や火山性微動が始まると、噴火の準備段階へ移行しつつあると判断されるでしょう。

火山噴火は地震のように突然やってくるものではありません。噴火の前にはいろいろな動きが出てきます。観測機器さえあれば先ほど述べた低周波地震や火山性微動を捉えられます(図版4－2)。また、マグマが上がってくると山が膨らんでくることからもつかまえられます。

富士山は地震計や傾斜計などの観測網が、日本でも最も充実している活火山の一つです。

まず覚えておいていただきたいことは、突然マグマが噴出する心配はまずない、ということです。噴火の始まる1か月ほど前から、前兆となる動きが観測され、直(ただ)ちに気象庁からテレビや新聞などマスコミやインターネットを通じ情報が伝えられます。

したがって、活火山が噴火する際は、地震のように準備期間がまったくない、というわけではないのです。

都市機能を完全停止する火山灰

過去の噴火史は、昔の人が書き残した古文書（こもんじょ）を調べることでもわかります。日本は奈良時代から書きものが残っており、記述をていねいに読んでいくと、富士山が平均１００年ほどの間隔で噴火していたことが判明しました。

たとえば『万葉集』や『古今和歌集』には、富士山の頂上から噴煙が立ち上っていた様子が記されており、火山学から見ると小さな規模でも当時の人をびっくりさせた噴火もありました。いまなら、もちろんテレビのトップニュースとなるでしょう。

ところが、１００年も間を置かずに小噴火していた富士山が、１７０７年以来現在まで３００年間もじっと黙っています。富士山の地下でマグマが溜まりに溜まっているのは不気味です。もしマグマが一気に噴出したら、さぞかし怖いだろうと思います。

実は、富士山は若い活火山です。一般に、火山の寿命は約１００万年ですが、富士山は誕生以来10万年ほどしか経っていません。人の時間軸では10万年とは途方もなく長い時間ですが、火山の尺度ではまだひよっ子で小学生くらいの火山です。すなわち富士山は「育ち盛りの火山」と言っても過言ではないのです。

いま、富士山が大噴火したら、江戸時代とは比べものにならないくらいの大被害が出ると予想されています。富士山の裾野にはハイテク工場が数多くあります。火口から出た細かい火山灰はコンピュータの中に入り込み、さまざまな機能をストップさせてしまうでしょう。空中を舞い上がる火山灰は、花粉症以上に鼻やのどを傷める恐れがあるほか、首都圏には2センチ以上の火山灰が降り積もり都市機能の低下や停電によってライフラインにも深刻な影響があります。

「山体崩壊」を起こした富士山

富士山は歴史上さまざまなタイプの噴火を起こしてきましたが、中でも最大級の被害をもたらす現象が「山体崩壊」です。２０１2年の静岡県防災会議で、富士山が崩れると最大40万人が被災するという試算が発表されました。

富士山は昔から美しい円錐形だったわけではありませんでした。山が大きく崩れ山頂が欠けていた時期が何回もあるのです。このときに崩れた岩塊が「岩なだれ」として高速で流れ下り、山麓に甚大な被害を与えます。たとえば、1888年に福島県の磐梯山で起きた山体崩壊では、477名が犠牲になりました。

人類が初めて経験したであろう規模の山体崩壊について見てみましょう。1980年5月18日、アメリカ、ワシントン州にあるセントヘレンズ山の直下1・2キロメートルで地震が発生しました。その直後に観測史上最大の岩なだれが発生しました。

頂上を含む北側の山全体が、即座に一つの巨大な塊として動き始めました。巨大なブロックが波打ちながら山麓へ滑り落ちました。その数秒後には、大規模な爆発が山を揺り動かしました。

膨大な量の破砕された岩石と氷が、セントヘレンズ山の北側にあるスピリット湖とトゥートゥル川へ突っ込みました。爆発によって生じた蒸気の圧力が、砕かれた岩の流動化を助けた結果、岩なだれが時速250キロメートルまで加速。川に沿って20キロメートル以上流れた結果、堆積物は谷底から最大360メートルも埋め尽くしました。その結果、幅2キロメートル厚さ200メートルを超す丘陵状の堆積物が残されたという記録があります。

東西の物流を寸断させかねない山体崩壊のリスク

富士山は過去に、不確かなものも含めて計12回の山体崩壊を起こしたことがわかっています。山体崩壊は火山灰や溶岩の噴出に比べれば発生する頻度は少ないのですが、いったん起きると甚大な被害をもたらします。

静岡大学の小山真人（こやままさと）名誉教授は山体崩壊の発生頻度を約５０００年に一度と見積もり、周辺住民の最大40万人が被災する可能性があると発表しました。これを崩れる方向によって分類すると、東側に流れれば40万人、北東側へ流れれば38万人、南西側では15万人という被災者数になります。

このうち首都圏に一番影響が出るのは、北東側へ崩れた場合です。多量の土砂が山梨県・富士吉田市などを埋めつくしたあと、川に流入した土砂が「泥流」となるのですが、大量の水とともに土砂が流される破壊的な現象で、土石流とも呼ばれています。

岩なだれが起きると、下流では必ず大規模な泥流が発生します。北東側へ流れ下る泥流は相模川を通って神奈川県の平塚市や茅ヶ崎市付近を襲う可能性があるのです。

さらに、その途中には東名高速道路と新幹線があるため、長いあいだ東西の物流を寸断することにもなりかねません。

山体崩壊はきわめて破壊的な現象ですが、数十万人にも上ると予想される住民の避難計画がないという危険な状況にあります。

一般に、自然災害のリスクは、発生する確率とともに、被害の大きさからも決まるのです。

この両者を積算すると、富士山の山体崩壊は、西暦２０３０年代の発生が予測されている南海トラフ巨大地震と同じくらいリスクのある現象といえます。すなわち、最大40万人という被災者数を考えると、確率が低いからと言って無視することは適切ではありません。

東日本大震災で１１００年ぶりに起きた巨大災害を目の当たりにした経験からは、たとえ５０００年に一度という発生頻度の少ない地学現象でも、巨大災害を起こしかねない場合には想定すべきなのです。

こうしたくわしい想定に関しては、拙著『日本の地下で何が起きているのか』（岩波科学ライブラリー）を参考にしていただけたら幸いです。

富士山の噴火現象

富士山が噴火した場合の災害予測が、内閣府から発表されました。もし富士山が江戸時代のような噴火をすれば、首都圏を中心として関東一円に影響が生じ、総額2兆5000億円の被害が発生するというのです。

富士山が噴火するときには、まず地震が発生します。富士山の地下にあるマグマだまりの近くから「低周波地震」と呼ばれる微弱な地震が出ます（図版4－2）。なお、低周波地震はユラユラと揺れる地震のことです（鎌田浩毅著『富士山噴火と南海トラフ』講談社ブルーバックスを参照）。

一般に、地下の岩石がバリバリと割れるときには「高周波地震」が起きるのですが、地下にある液体などが揺らされた場合に低周波地震が起きます。私たちが日常生活で経験するガタガタと揺れる高周波地震と区別するため、わざわざ「低周波」という言葉が付けられているのです。

現在、富士山の地下では、とても深いところで低周波地震が起きています。しかし、その位置が浅くなってきたら注意が必要です。マグマが無理やり地面を割って上昇してくると、今度は高周波地震が発生します。

最後に、地表から噴出する直前で「火山性微動(びどう)」と呼ばれる細かい揺れが長い間発生します。こうなると噴火の間近かいスタンバイ状態となります。

富士山では噴火のおよそ1か月前には地震が起き始めるので、事前に必ずわかります。日本の火山学は世界トップレベルなので、直前予知は十分に可能です。

ただ、私たちは「火山学的には100％噴火する」と説明しますが、実は、いつ噴火するかを前もって予測することは不可能なのです。噴火予知は地震予知と比べると進んできましたが、残念ながらみなさんが知りたい「何月何日に噴火するのか」にお答えすることはできません。

火山学者は現在、24時間体制で観測機器から届けられる情報をもとに、富士山を見張っています。気になる方は、テレビ・ラジオ・インターネットなどで最新の情報にアクセスしてみてください。

活火山とは「いつ噴火してもおかしくない火山」

日本は火山国といっても、実際に噴火を生で見た人は、それほど多くはないでしょう。人は経験のないことに直面したときに動揺しやすいものです。そうならないためには、富士山に限らず、前もって火山について知っておくことが重要です。遠回りのようで、知識を持っていることが、いざというときの防災に役立つのです。

噴火はビジュアル的にもインパクトがあるので、京都大学で24年間行っていた「地球科学入門」の講義では必ず噴火の映像を見せていました。学生たちはみな一様に画面に釘付けになり、その凄(すさ)まじさに圧倒されていたのです。

一方、噴火を一度でも体験した人は、一生忘れることがないくらい強い印象を持ちます。私もその一人で１９８６年の伊豆大島で大きな噴火に出合いました。地鳴りを上げて目の前で火柱が立ち上ったあと、真っ赤に燃えたマグマの巨大なカーテンが、私の前に立ちはだかりました。

その直後に、炎のカーテンはこちらに近づいてきました。恐怖も忘れ、私はひたすら見とれていたのですが、その迫力はいまでもまざまざと思い出されます。こうした活火山が日本には１１１個もあるのです。

さて、活火山がどうやって決められたかの説明をしておきましょう。活火山は歴史上これまで何回も噴火をしていたもので、今後もさかんに噴火しそうな山、という意味です。

気象庁は２００３年に活火山の定義を改定し、「過去およそ1万年以内に噴火した火山、及び現在活発な噴気活動のある火山」を活火山とすることに決定しました。私も火山学の専門家として、この改定プロジェクトに加わってきました。１００万年もある火山の寿命の中で、過去1万年間くらいは歴史を見ておかないと将来噴火する火山を見落とす可能性があるのです。

「休火山」「死火山」は死語に

かつて理科の教科書で、火山は「活火山」「休火山」「死火山」の三つに分けられていましたが、火山学者は休火山と死火山を使うのをやめました。というのは、休火山と思っていた山は、火山学的に見ればすべて活火山と考えたほうがよいからです。すなわち、どこまでが休火山でどこからが活火山かの線引きが、実際には不可能なのです。

富士山を例にとってみましょう。最新の噴火は江戸時代の1707年で、南東斜面にある宝永火口から大爆発したのですが、その後300年間も富士山は噴火をしていません。人間の生活感覚では約10世代にわたる長い間休止しています。

ところが、100万年にも及ぶ富士山の寿命からすれば、300年間とはあっという間の短い時間にしか過ぎないのです。

江戸時代の一つ前の噴火は室町時代の1511年に発生していますが、1707年まで200年もの長い間休止していました。もし、江戸時代の人が「富士山は休火山だから噴火しないだろう」と思ったとしたら、どうなるでしょうか。200年や300年という休み程度では、火山の活動を判断する時間スケールとしては短すぎるのです。

また、死火山という言葉についても問題があります。これからも絶対に噴火しない確実な証拠を挙げることができないからです。こうした状況から火山学者は、休火山と死火山という用語を使わなくなりました。

すなわち、かつて教科書で教わった休火山のすべてと死火山の一部は、実際には活火山と見なしたほうが適切なのです。この結果、火山専門家は、「活火山」と「活火山以外の火山」という分類をしています。

そして、噴火の可能性のある活火山にだけ注意を向けていただくように、私たちは火山にまつわる知識の啓発活動をしているのです。

噴火予知のメカニズム

次に、噴火予知はどのようにするのかについて紹介しましょう。火山活動が活発になると、気象庁から噴火に関する情報が発表されます。この情報は、火山の地下の状態をさまざまな手法で観測することによって得られるものです。

リアルタイムで得られるデータをもとに火山学者は、いま、火山がどのような状態にあり、次に何が起きるかを予測していきます。

噴火予知の内容は、以下の五つの項目からできています。噴火が「いつ（時期）」「どこから（場所）」「どのような形態で（様式）」「どのくらいの大きさ及び激しさで（規模）」「いつまで続くのか（推移）」に関する情報です。

具体的な観測項目について述べてみましょう。噴火とはマグマが地下から地表へ噴き出すことです。噴火準備が整い圧力の高まったマグマは、火山の下にある「火道（かどう）」という通路を上がってきます（図版4－2）。そのときマグマは岩石を割りながらゆっくりと上昇し、「火山性の地震」が発生します。噴火の接近は、こうした地震の起きる場所がだんだん浅くなることから判断されます。

次に、地面が垂直もしくは水平方向へわずかに動く地殻変動が観測されます。「動かざること山のごとし」という成句がありますが、火山の場合は噴火が近づくと山が膨らみます。マグマが山全体を押し上げるので、私たちにとっては絶えず動くものが火山なのです。

噴火が経過したあとマグマが下へ戻るときには、今度は山が収縮します。このような動きはまとめて「地殻変動」と呼ばれますが、膨縮はきわめて微弱なので非常に精密な測定によって初めて確認できます。

これは水平距離の１万メートルにつき垂直に１ミリメートル持ち上がる傾きを測定する、という精密さです。たとえて言えば、お餅(もち)を焼いて表面が１ミリメートルプクッと膨(ふく)れたのを、１万メートル先から望遠鏡で覗(のぞ)き込んで見つけるような離れ業(わざ)なのです。

こうしたきわめて精度の高い観測が、鹿児島県にある活火山の桜島で常時行われています。ここでは噴火の数分から数時間前に山が膨張し始め、噴火が始まるとただちに収縮する様子を捉えています。そしてリアルタイムで観測所に送られてくるデータを見ながら、桜島では噴火が起きる前に警報を出しています。

火山観測の重要性

噴火予知ではこれらの他にも、火山から出てくる二酸化硫黄や二酸化炭素などのガスや、細かい火山灰粒子の成分などの分析をしています。地下の観測結果と出てきた物質が示すさまざまな知識を組み合わせて、予知が考案されています（鎌田浩毅著『火山噴火』岩波新書を参照)。

ここでは「空振りは許されても、見逃しは許されない」という危機管理の原則のもと、噴火予知が進められているのです。

いかに世界レベルの観測が桜島で行われていようとも、桜島以外の火山では必ずしも安心することはできません。日本の火山学者が最高峰の技術を持っていても、十分な観測体制が敷かれていない他の活火山では役に立ちません。

心配なのは、観測システムが不十分な火山が動き出したときに、その徴候がしっかりつかまえられない場合です。富士山や桜島と違って最先端の観測がされていない活火山が、残念ながら日本にはたくさんあります。日本列島に111個ある活火山のうち24時間体制で監視されている火山の数は現在50ほどしかありません。

東日本大震災以降、日本列島は地殻の変動期に入ってしまいました。それにもかかわらず、予算の関係で観測にたずさわる人も機器も不足しています。その結果、観測網の不十分な活火山が少なからずあることも、知っておいていただきたいのです。

例を挙げると、観測用の老朽化した電線が取り替えられていないことや、計測器が何十年も更新されていないなど、心配な火山はいくつもあります。こうした火山で災害が発生したときに、予算不足が原因だったとは言いたくないものです。

「3・11」以降、内陸部の直下型地震とともに、日本の活火山は活動期に入りました。オオカミ少年を恐れて過小評価するのか、もしくはできることは何でも行うのか。電線が切れたところや震災で壊れた観測機器の修繕を行うのは当然ですが、次の噴火が始まるまでに、精度の高い機材を早急に配備しなければなりません。それに加えて、24時間体制の観測をサポートする人員への予算も確保しなければならないのです。

火山の恵みを享受してきた日本

さて、ひとたび噴火が始まると、日常生活に甚大な影響を及ぼすのが火山です。しかし火山は災害を起こすだけではありません。大いなる「恵み」も我々に与えてくれます。

日本では国立公園の9割が火山地域にあり、優美な地形を愛(め)でているのです（図版4−3）。

図版4−3　日本の主な火山と国立公園

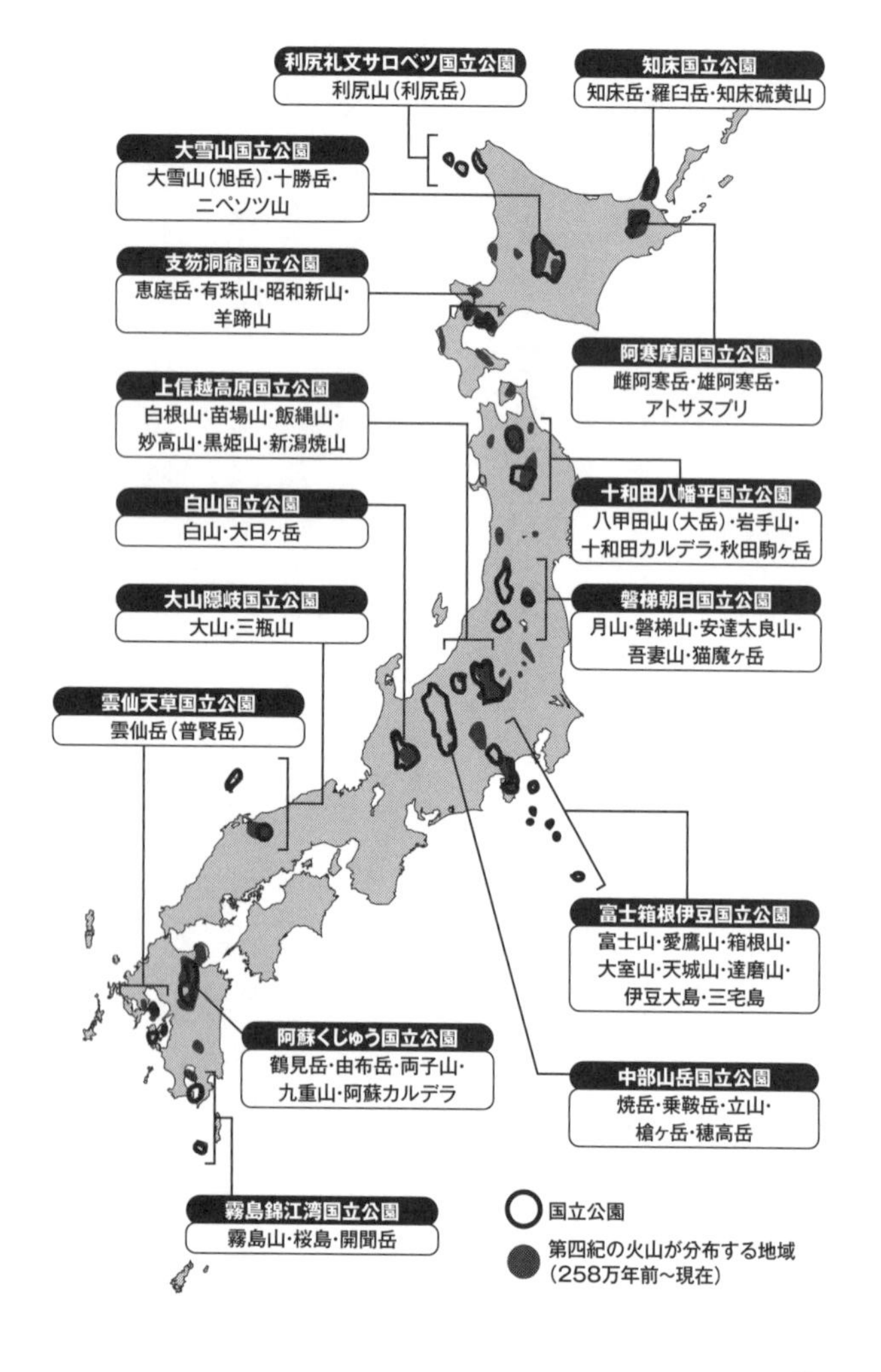

たとえば、日本最北端の国立公園は、利尻岳を含む利尻礼文サロベツ国立公園です。また、大雪山国立公園には１９２６年（大正15年）に大噴火した十勝岳があり、阿寒摩周国立公園には活火山の雌阿寒岳や、カルデラ湖の摩周湖を持つアトサヌプリがあります。

支笏洞爺国立公園には２０００年春に噴火した有珠山や羊蹄山を含みます。羊蹄山は、その整った円錐形の姿から蝦夷富士と呼ばれています。

東北の十和田八幡平国立公園には、岩手山（南部富士）、八甲田山、秋田駒ヶ岳があり、磐梯朝日国立公園には月山や安達太良山、そして明治時代に山体崩壊した磐梯山が含まれています。

中部山岳国立公園の槍ヶ岳と穂高岳は、１７０万年前という大昔に活動した古い火山です。上信越高原国立公園には現在も活発に噴煙を上げている浅間山があります。白山国立公園にある白山も活火山です。

また関東の日光国立公園には那須山があり、尾瀬国立公園の中にある燧ヶ岳も火山です。東京のはるか南方の海上にある小笠原国立公園も、火山島の連なりでできています。

中国地方の大山隠岐国立公園にある大山（伯耆富士）と三瓶山は、美しい山容の火山です。雲仙天草国立公園と霧島錦江湾国立公園は、いずれも近年活発な噴火を起こした雲仙普賢岳と霧島火山の新燃岳を中に含む国立公園です。

そして、私が30年以上研究しているフィールドでもある阿蘇くじゅう国立公園には、阿蘇山と九重山という二つの活火山があり、いまでも非常に活発です。

火山は美しい風景をつくるだけでなく、その麓にはおいしい水も湧き出します。山腹に降った雨水が火山の中をくぐりぬけ、山麓の低地にミネラルウォーターが湧出するのです。そして、なんと言っても「火山の恵み」の部で堂々の1位は温泉でしょう。

火山の寿命は100万年。元気な活火山は1万年。ちなみに地球の歴史は46億年。人はこんな悠久の時間の中で、自然と向き合って日々を暮らしています。私たちの人生は、火山の時間スケールではほんの瞬きのようなものだということも知っておきたいものです。火山のようにゆったりと、またしなやかに生きていきたいと私は常日頃考えているのです。

第5章

災害、異常気象で世界はどう変わっていくのか

知っておきたい地球のシステム

「異常気象」とは30年以上起きなかった現象

「異常気象」という言葉から、みなさんはどんなことを思い浮かべられるでしょう。豪雨や干ばつ、あるいは冷夏や暖冬といったものでしょうか。これらの言葉を聞いて、耳慣れないイメージを持つ人は少ないはずです。それどころか、多くの人にとって「最近は異常気象が多い」という感覚になっているのではないでしょうか。

元来、自然界では、ありとあらゆることが変動することによって均衡を保っています。自然は、言うなれば、二度と同じことを繰り返さない「不可逆性」をもって地球の歴史を刻んでいるのです。

こうした視点で考える私にとって、異常気象という言葉にはいつも少し違和感を持ちます。本当は、人間のスケールでは「異常」と思うようなことが起きるのが、地球のスケールでは「正常」だからです。地球科学的に言えば、人間にとって都合の悪いことに「異常」というレッテルを貼っているだけなのです。

夏に猛暑が続いたり冬に大雪が降ったりすると、すぐ異常気象と言われます。気象は常に変化するものですが、それでも統計的に見てもめったに起こらない極端な現象が起きることがあります。こうしたときに初めて異常気象と呼ぶのです。

具体的には、気象観測を続けているある場所で、30年以上も起きなかった現象が発生したときに異常気象と考えます。

異常気象としては、異常低温・異常高温・干ばつ・異常多雨などさまざまなものがあります。一方、新聞や雑誌によく登場する「エルニーニョ現象」は、数年に一度は起こる現象なので異常気象ではありません。今年はエルニーニョの年だね、という程度のものです。

地球のシステムは実に見事なバランスを持っています。たとえば、ある地域で異常気象によって高温になっている場合、地球規模で見ると別の地域では異常低温が生じていることがしばしばあります。また、ある地域で異常に大雨が降れば、別の地域で干ばつが続くのです。

その結果、地球のバランスは保たれ、地球全体としての降水量はほぼ一定になっています。実は、46億年間に地球の持っている水の総量は、ほとんど変わっていません。しかし、地球にとってはくしゃみに過ぎないような現象が、人間の実生活には多大な影響を与え人命を脅かしていることも確かです。

こうした異常気象は、高気圧と低気圧の配置バランスが崩れたときに発生します。その鍵を握るのは、上空を流れる「ジェットストリーム」です。このジェットストリームには、地球の緯度によって異なる名前が付けられています。

日本列島のある中緯度に吹くジェットストリームは「偏西風（へんせいふう）」と呼ばれます。その名のとおり、西から東へ吹く強い風です。また赤道付近のジェットストリームは「貿易風」と呼ばれる東から西へ吹く風です。かつて、この風を利用して帆船が航行しました。

以下では、それぞれのジェットストリームが異常気象にどんな影響を及ぼすかについてお話ししましょう。

図版5−1　大気循環の3つの基本型

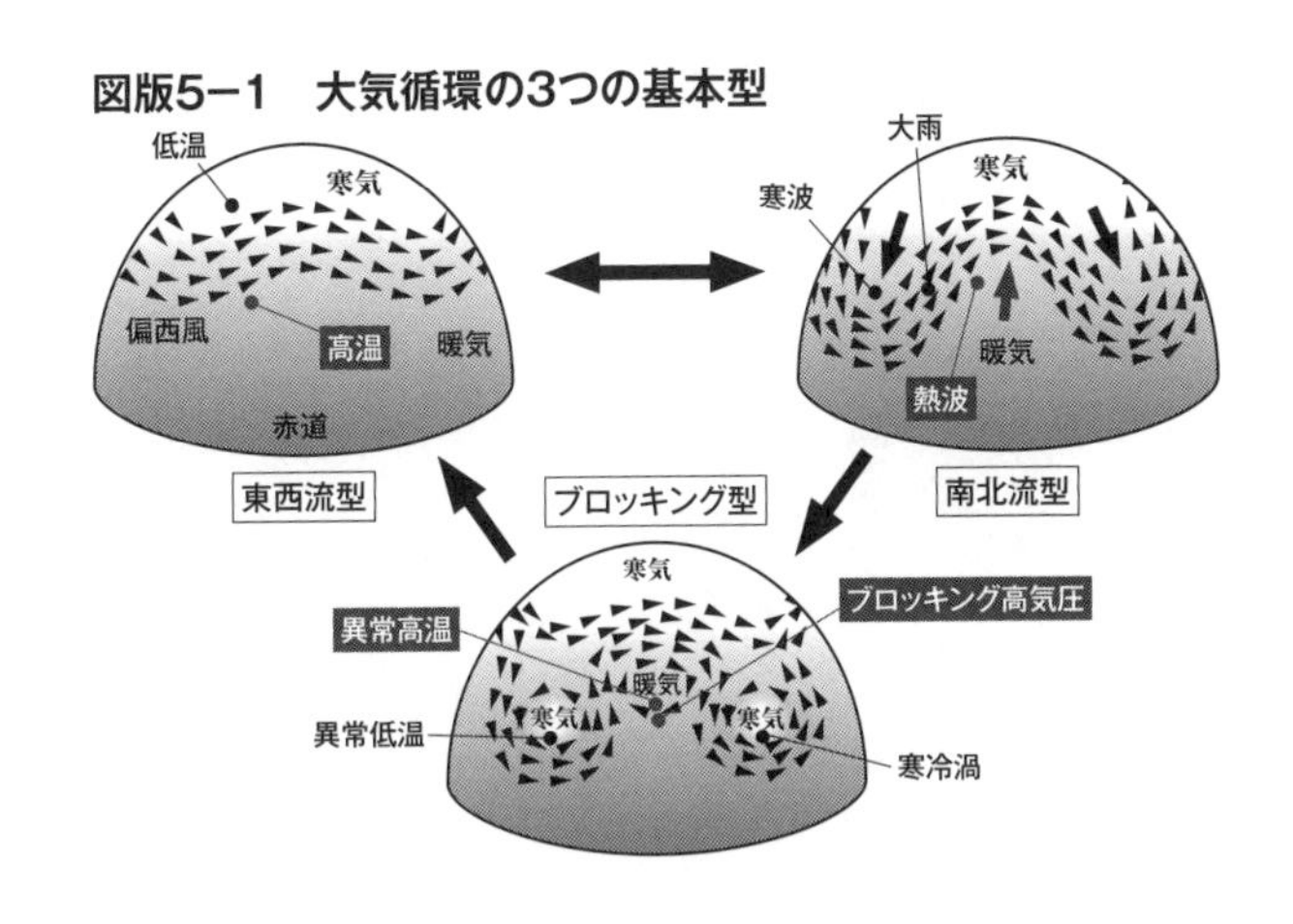

地球の気象をつくる偏西風

北半球と南半球の中緯度地域の上空11キロメートルあたりを流れる風が、偏西風です。偏西風の流れには、「東西流型」・「南北流型」・「ブロッキング型」の三つの型があります（図版5−1）。

通常、偏西風は東西流型と南北流型を交互に繰り返しています。その周期は4〜6週間ほどで、その間に気温が高かったり低かったり、という日常的な変化があるのです。

それに対して、これらの型が6週間を超えて長く続くと、異常気象が起こります。たとえば、東西流型がずっと続くと南北の温度差が大きくなり、流れの北側で異常低温、また南側では異常高温が出現しやすくなるのです。

次に、南北流型が長く続くと、偏西風は南北へ大きく蛇行（だこう）を始めます。その結果、北から寒気が南下した地域では「寒波」が発生します。

これとは逆に、南から暖気が北上する地域では「熱波」が発生します。そして、その中間に当たる地域では大雨となる可能性があるのです。

この南北流型が強まってくると、3番目の「ブロッキング型」となります。この型は長く継続し、通常の偏西風から切り離された「大気の渦」ができます。こうなると、南側に寒気を持った低気圧が現れて、緯度の低い地域に異常低温を引き起こします。一方、北側には暖気を持った高気圧が現れて、異常高温を引き起こすのです。

こうしてできた高気圧は「ブロッキング高気圧」と呼ばれるもので、このような状況になると、冬は大寒波と豪雪、また夏は猛暑と豪雨など、世界各地で災害を誘発する天候になります。この状態になってしまうと高気圧と低気圧はなかなか動かず数週間以上も継続することがあり、その結果として異常気象が発生するのです。

温暖化問題の本質

さて、みなさん注目の温暖化問題はどうでしょう。近年、地球温暖化は地球科学に限らず政治・経済の主要な問題となっています（写真7）。地球の平均気温を調べると、過去400年間に高くなってきたことがわかります。特に、詳細な観測データが得られている20世紀以降に限って見ると、平均気温が1℃ほど上昇しているのです。

一方、過去1000年間の大気に含まれる二酸化炭素の濃度は、280ppmから380ppmまで上昇しました。二酸化炭素が急に増えたのは、人間が石油や石炭などの化石燃料を大量に燃やしたためです。

では、二酸化炭素が増えるとなぜ気温が上昇するのでしょうか。その説明のために、まず気温がどのように決まるかを見てみましょう。

地球の気温は太陽から来るエネルギーによって決まります。素晴らしいことに地球が受け取るエネルギーと、地球から出ていくエネルギーがつり合っているので、地球の気温はほぼ一定に保たれているのです。

写真7　崩れ落ちるアラスカ-ハーバード氷河

地球温暖化と気候変動を表現する際によく使われる画像（写真:iStockphoto）

太陽から地球までやってきたエネルギーの3割は大気圏に入ったあと、地上に届くことなく雲などで反射され、宇宙へ消えていきます。みなさんは飛行機の窓から雲が白く輝いているのを見たことはないでしょうか。これは、太陽の放射エネルギーが反射して輝いているのです。

さらに、エネルギーの2割は大気圏を通過するときに雲や大気に吸収されてしまいます。この結果、もともと地球までやってきた太陽からのエネルギーの5割ほどしか地上まで到達しません。

こうして太陽から地上に到達したエネルギーは、複雑にエネルギーをやりとりしながら、最後にほぼ同じ量のエネルギーが宇宙空間へ出ていきます。入るエネルギーと出るエネルギーが基本的に等しいので、地球上は一定の温度に保持されるわけです。

さて、日中に車を屋外に停めておくと、車内がひどく高温になることがあります。これは窓ガラスを通って入ってきた一部のエネルギーが室内に閉じこめられ、窓の外に出ていかないからです。ビニールハウスや温室はこの効果を利用しています。

大気中の気体にも、温室と同じように熱を閉じこめる働きをするものがあります。二酸化炭素、水蒸気、メタン、フロンなどの「温室効果ガス」と呼ばれるものです。これらのガスは、電磁波の一つである赤外線を吸収するという性質があります。

赤外線を吸収すると、太陽からの熱エネルギーを溜め込むことになります。大気にこうした温室効果ガスが多く含まれると、エネルギーを宇宙空間に放出せずに蓄積し、地上を徐々に暖めることになるのです。

温暖化が進むと地球はどうなるのか

では、地球温暖化が進むと、地球上の気象はどう変わるのでしょうか。たとえば、台風は基本的に海面と上空の温度差によってつくり出されます。温暖化によって上空の温度が上昇すると、海面と上空の温度差が小さくなります。このため上昇気流も弱くなり、台風が減少する可能性があるのです。世界気象機関の会議では、地球全体の熱帯低気圧の発生数が最大で3割ほど減るという報告が出されました。

一方、大洋ごとの発生確率で見ると、台風が減る地域と増える地域に分かれるというシミュレーション結果も出ています。たとえば、太平洋の北西部では3割以上減るが、大西洋の北部では6割も増えます。こうした大洋ごとの予測は、専門家によって結果がまちまちで、まだ研究段階にあると言えるでしょう。

温暖化によって海面の温度が上昇すると、発生する水蒸気が多くなります。この結果、積乱雲ができる頻度も上がり、熱帯低気圧が巨大化する可能性が高まります。たとえば、海面温度が2℃高くなると台風のエネルギーは最大2割、また降雨量は3割増えるという予測もあります。

これらはいずれも最速のスーパーコンピュータを用いた膨大な計算による画期的な研究成果です。今後どのような方向に地球の気象は変化するのかが注視されるところです。

地球はこれから寒冷化に向かっていく？

温暖化問題の論議が華やかに行われていますが、もし地球の大気に温室効果ガスがまったく含まれていなければどうなっていたでしょう。地表の平均温度は氷点下10℃以下であったと考えられています。これは、海洋のすべてが凍りつくということです。この状態を全球凍結した「スノーボール・アース」（雪玉地球）と呼びます。

実は、46億年にわたる地球史では、こうした時期が数回ありました。スノーボール・アースが現在のような温暖な地球に戻った原因は、大気の二酸化炭素濃度が上昇したためであることが判明しました（鎌田浩毅著『地球の歴史』中公新書を参照）。

長い期間で見れば、二酸化炭素は悪者でも何でもなく、地球の環境を一定に保つための重要なメンバーだったのです。いわば、地球が平衡状態で持続するためにはなくてはならないバランス調整係としての存在です。

何十万年という地球科学的な時間軸で見れば、現在は氷期に向かっています。たとえば、過去13万年前と1万年前には比較的気温が高い時期がありました。また、平安時代はいまよりも温暖な時期でしたが、14世紀から寒冷化が続いています。すなわち、大きな視点では寒冷化に向かう途上の、短期的な地球温暖化状況にあるというのがいまの状態です。

確かに、18世紀後半に始まった産業革命以降に放出し続けている二酸化炭素が、現在までの気温上昇の一因である可能性はあります。しかし、温暖化を引き起こした二酸化炭素の寄与率は9割から1割までと、研究者の間でも意見が大きく分かれています。

また、2010年には温暖化問題を扱う国際機関のIPCC（気候変動に関する政府間パネル）が提出したデータの確実性などに対して、何人かの世界的な研究者から疑問が投げかけられました。このようにIPCCの提言へのコンセンサスが科学者の間でも得られていない、というのが現状なのです。

さらに、今後数十年間は寒冷化に向かいつつある、と唱える地球科学者も少なからずいます。将来にわたり現在の勢いで地球温暖化が進むかどうかは、必ずしも自明とは言えないのではないか、と私自身も考えています。たとえば、大規模な火山活動が始まると、地球の平均気温を数度下げることがしばしば起こってきたからです。

地球史を長期的に見ると、もともと自然界にはさまざまな周期の変動現象がありま す。こうした自然現象を、人類の生産活動が起こした短期的な現象から区別して評価しなければなりません。地球温暖化問題は「長尺の目」で捉えなければ、国際政治や経済に振り回される事態からいつまでも脱却できないのです。

「環世界」という新しい視点

ここでもう一つ地球を考える上で大切な視座の話をしましょう。ヤーコプ・フォン・ユクスキュル（１８６４～１９４４）という生物学者が、19世紀に「環世界」という概念を出しました。彼は著書『生物から見た世界』（岩波文庫）の中で、動物から見た環境は何か、を考えました。生物にとって環境がもたらす意味を論じたのです。

環境とは、私たちを取り囲む木や花、もしくは気温・天候などの状態すべてです。しかし、動物が自分を中心として環境を捉えた場合にはどうなるでしょう。何が重要で何がどうでもよいかは、それぞれの動物によって異なります。環境に対して動物たちはみなそれぞれ独自の基準を持っているのです。

たとえば、動物の血を吸って生きるダニは、哺乳類の出す酪酸（らくさん）のにおいで獲物が近づいてきたことを察知します。木の上で獲物の接近を待っていたダニは、哺乳類が下を通過したとたんに落ちてきます。首尾よく取り付くと、今度は触角を使って毛が少ないところを選んで血を吸うのです。

このダニにとって意味がある環境は、まず酪酸のにおいです。また、ダニの持つ温度センサーは温血動物の体温に反応しますが、アツアツの焼き芋の温度には反応しません。すなわち、主体（ダニ）にとって意味あるものだけが、実在する世界なのです。客観的に外から環境を見るのとはまったく異なる視点がここにあります。

こうして定義された環境に対して、ユクスキュルは新しく「環世界」という言葉を与えました。言うなれば、あらゆる動物はみな独自の環世界をつくりながら、その中に浸って生きているという発想なのです。

実は、私たちが「環境問題」と言うときは、人間にとって都合のよい世界が周囲にあるかどうかを問題にしているのです。すなわち、「よい環境」とは、実は「人間にとって都合のよい世界かどうか」あるいは「人間が深く関心を持っている生き物にとってよい環境かどうか」です。我々はいつも人間中心でものを考えているわけです。

ちなみに、『生物から見た世界』の原著には「見えない世界の絵本」という副題がついています。文字どおりたくさんの挿絵があるのですが、その挿絵の一つに、人間が見た居間、犬が見た同じ居間、そしてハエの見た同じ居間、という3点の絵があります。

人間と犬とハエとでは、同じ居間にいても見えているものが違うのです。人間には、居間に置かれたイス・電灯・本棚、またテーブルの上にのった食べ物などが見えているのですが、犬にはイスとテーブル上の食べ物しか見えていません。これがハエになると、電灯と食べ物以外の何も見えてはいないのです（図版５－２）。

このように、それぞれの主体によって意味があるもののみが存在する、というのが

図版5−2　環世界の姿

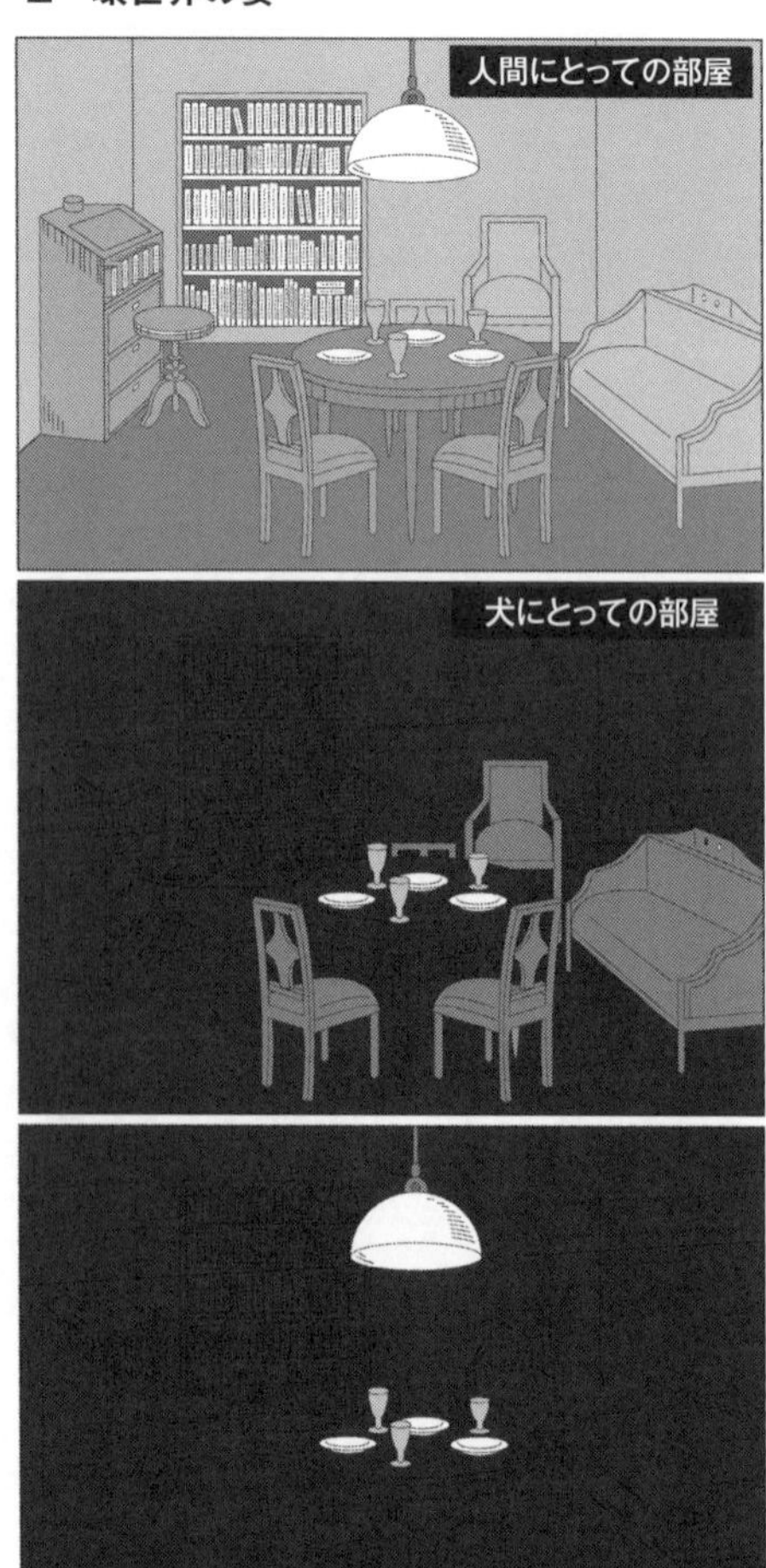

『生物から見た世界』（岩波文庫）を参照し作図

環世界のありさまです。

傍(かたわ)らから見れば、どの動物も客観的環境に適応しながら生きているのですが、個々の動物にとって見れば、自身がつくり上げた主観的な環世界の中でのみ生きているのです。

さらにこの考えを推し進めてみると、興味深いことに気づきます。地球上の生き物は、人間以外どれ一つとして「地球のために」などとは考えずに生きています。生命体は短い時間スケールでは自分たちの種の維持という目的のために行動し、長いスケールでは突然変異を受け入れながら進化し、種の存続を図っています。

すなわち、あらゆる生物が自分の適性を生かしながら、全体として地球の多様性が維持されています。こうした状況をマクロに見ると、地球は個々の生命体が勝手に活動を続けながらも、全体としては調和がとれている状態が保たれているのです。これは地球を「長尺の目」でまるごと見ることによって初めて見えてくる姿と言ってもよいでしょう。

ところでノーブレス・オブリージュ（尊い地位に伴う道徳的義務）という言葉がありま

すが、これは生命体のすべてに共通する原理でもあるのです。地球上に何億という数の種が共存しながら、全体として多様性を維持しています。すなわち、「地球上に生まれてきたこと自体がノーブレス（尊いこと）」という考え方が、地球科学的な生命誌の発想から出てくるのだと私は思います。

動物は自然環境の中に適応しながら暮らしていて、自然を変えてしまおうなどとは決して考えません。一方、人間は与えられた環境だけでは満足せず、生活しやすく有益なものに絶えず改変しようとします。

1万年前に始まった農業も、また化石燃料を大量に使い始めた産業革命も、自然を意のままにコントロールするという営為でした。実は、地球環境問題は人類の環世界がつくり出した問題に他ならないのです。

環世界の考え方は、18世紀のドイツの哲学者カント（1724～1804）の認識論とも通じるところがあります。すなわち、人間がある対象を認識することで、初めてその対象は実在のものとして現出する、という考え方です。

逆に言えば、人間は自分の持つ認識方法（アンテナ）でしか対象を認識できないのです。ユクスキュルの環世界は、人間のみならずすべての生物が、自分固有の認識方法で世界を認識している姿を明瞭に示しました。

つまり、人間にとっての環世界は人間にとって周囲の世界を認識する「幻想」である、と極言することもできます。人類はこれまでさまざまな幻想としての環世界を、世界中至るところにつくってきました。

「共同幻想」という言葉がありますが、考えてみれば、お金も国家も愛もすべて人のこしらえた概念です。そうした概念の世界に振り回されることからいったん脱却してみようというのが、地球科学が提案するものの考え方なのです。くわしくは拙著『世界がわかる理系の名著』（文春新書）をご参考にしてください。

地球が持っているバランス・システム

ここでシステムとしての地球にまつわる素敵（すてき）な話をしましょう。これまで地球科学の研究では、それぞれの部分の構成物質や地史（地層の歴史）を細かく見てきました。たとえば、地球をつくる岩石の変化、地層の分布と年代、大気の移り変わり、地球上の生物の進化などを別々に見てきたのです。

しかし、最近10年ほどは、それぞれの要素が相互に結びついた全体のふるまいと成り立ちを研究するようになりました。現在では岩石、大気、水、生物などの各要素の働きと相互作用について地球全体の関係性に視点をおいた研究がさかんに行われています。

その結果、互いに影響しあいながら安定している地球の動的な姿が見えてきたのです。これは近年、「地球惑星システム」と呼ばれています。

タコツボ的な研究から脱却し相互関係を鑑(かんが)みるという視点は、どの学問分野よりも地球科学が先を走っています。私自身が理系や文系という枠組みにとらわれずに、物事を横断的に見て判断しようとしてきたのも、地球科学的な発想の影響を受けているからです。

さて、地球という大きなシステムは、これを支える「気圏」、「水圏」、「岩石圏」という小さなサブシステム(構成要素)を内部に持っています。この中では生物も暮らしているので、これらに「生物圏」を加えることもできます。それぞれの「圏」は、他の圏とは異なる物質で構成され互いにエネルギーをやりとりし、また形成の歴史もさまざまです。

こうしたサブシステム（圏）を構成するもののうち、地殻やマントルなどの岩石圏である「固体地球」が、地球全体の質量の99%を占めています。固体地球は原始地球の誕生以来、地球内部に蓄積された熱が地表へ移動することによって駆動されてきました。たとえば、地震や火山噴火などのダイナミックな現象は、この岩石圏の生み出した営みの一つです。

一方、地球上の物質の「流れ」に注目すると、気圏、水圏、生物圏といったサブシステムが重要になります。これは「流体地球」という領域で、いずれも「固体地球」の表層にあるものです。

例を挙げると、我々にも非常に身近な「水の循環」は、生物圏を維持するために最も必要なものの一つです。この流れは太陽放射という地球外のエネルギーによって駆動されます。気体（水蒸気）・液体（水）・固体（雪・氷）と姿を変えながら、気圏と水圏の中を循環し、一部は地下水として岩石圏の中も巡ります。さらに、陸地を流れる水の動きは、地上の岩石を浸食し海へ土砂を供給したり、また栄養分を流し込んだりしていきます。

気圏と岩石圏の相互作用には、大変興味深い現象があります。大陸から飛来する黄砂の粒子や火山噴火で噴出する火山灰は、かなりの量の「物質移動」を起こしているのです。たとえば、大規模な噴火が始まり火山灰やエアロゾル（微粒子）が気圏内に供給されると、気候変動をもたらすことがあります。

さらに、二酸化硫黄や塩化水素などの火山ガスが、岩石圏の中にある地上の岩盤の化学的な「風化」を促進します。また、こうしたガス成分は最終的に海洋に流入します。海水の化学組成を変化させ、沈殿物による堆積物を海底に生み出します。この堆積物は、プレート運動によってマントルの中へ沈み込み、長い時間を経て火山ガスとなって再び気圏に噴出するのです。

こうした物質とエネルギーの流れを定量的に明らかにすることが、地球科学の重要なテーマとなっています。

生命は環境の変化に合ったシステムを構築している

地球を構成するすべての「圏」の関係性とその時間変化を見つめていくのが、地球惑星システムの新しい考え方です。なお、地球のプロセスは、時間の経過とともに一方向へ進んでいきます。そのため「不可逆の現象」と呼ばれ、時間的な再現性がないという意味で物理学や化学とは異なる体系を持っています。

すなわち、地球惑星システムの形成には、生命の誕生や進化と同じ「歴史科学」の構造があるとも言えましょう。こうしたことから生物学と同様に地球史でも「進化」という言葉が使われてきました。

元来、自然界ではありとあらゆることが変動することで均衡を保つようにできています。よって、「しなやかに」変化する能力を持つことが、自然の摂理にかなった動きとなるのです。もし変化を拒むような現象があれば、変転する自然界とは相いれずに、その現象は遅かれ早かれ衰退してしまいます。地球上の生物はすべて、この原理に沿って環境の変化に合ったシステムを構築してきました。

人間も例外ではなく、自然の原理に従って進化を遂げてきました。体にもこうした優れた機能が備わっているのですが、このことを最初に指摘したのはアメリカの生理学者ウォルター・キャノン（1871〜1945）です。たとえば、暑くなると体温の上昇を抑えるために汗をかき、出血すると血液は固まります。こうした調整機能に対してキャノンは「ホメオスタシス」と名づけ、生体を常に安定状態に保つ仕組みを見事に解き明かしました。

こうして生物は、環境がいかに変化しても何事もなかったかのように平静にふるまえるように進化していったのです。このシステムについては拙著『座右の古典』（ちくま文庫）でくわしく紹介しましたので、ぜひ参考にしていただきたいと思います。

現在の地球の姿は、太陽系の寿命100億年の中での進化の一断面と考えることも可能です。マラソンにたとえれば、46億年経過した地球上の我々は、ちょうど折り返し点にいると言えるのです。

第6章

「これからの大災害」に不安を感じないために

未来を正しく判断する「長尺の目」とは何か

幻の大陸アトランティス伝説の謎

「アトランティス」はヨーロッパで繁栄していた伝説の地名です。いま見ても驚くほど発展した文明を持ちながら、なぜか突然消えてしまった。伝説の国は本当に実在したのか、それとも幻だったのか、いまだに謎だらけです。

ここからは少し、プラトンの文学と古代人の謎解きの世界へご案内しましょう。自然界のスケールの大きさを感じとっていただければよいと思います。

古代ギリシャ人やローマ人よりずっと以前、アトランティスでは非常に洗練された高度な都市文明を築き上げていたと言われています。それが突如として消滅したために伝説となり、長いあいだ西欧世界の人々を魅了してきました。

最新の地質調査で、この伝説の真相が次第に明らかになりました。アトランティスは地中海にあったという証拠が見つかったのです。歴史上でも最大級の火山噴火に襲われた結果、水没したことがわかりました。

この伝説は、そもそもいまから約2500年前に、古代ギリシャの哲学者プラトンが本に残したことが始まりです。彼は晩年の著作『ティマイオス』と『クリティアス』の中で、アトランティスの存在について触れています。

アトランティスについて話される内容は、紀元前10000年、すなわち現在からでは1万2000年ほど前の話です。かつてポセイドンという海神がいて、彼に与えられた島が「アトランティス」だったと語られます。実際に『クリティアス』には「アトランティスの物語」という副題がついています。

かつて大西洋にあった幻の大陸

さらに、師匠ソクラテスが語ったという以下の言葉があります。「これが作り話ではなく、本当の話だということは、極めて重大な点でしょう」。つまり、この話は事実だとプラトンが書き残したことで、アトランティスがあった場所の穿鑿(せんさく)が始まりました。

実は、プラトンは本の中に場所に関するヒントを残しています。その一つが、「ヘラクレスの柱の入口の前方に一つの島があった」という記述です。ヘラクレスとは、ギリシャ神話の英雄のことです。

あるとき彼は近道をするために巨大な山地を怪力でまっぷたつに割りました。それ以前の地中海は大西洋とつながっていなかったのですが、間に水路ができ二つの海はつながりました。

それが地中海の西端にある現在のジブラルタル海峡に当たります。以降、古代ギリシャ人はこうしたヘラクレスの故事に因んで、北のヨーロッパ側の岬（スペイン）と南のアフリカ側の岬（モロッコ）の二つを「ヘラクレスの柱」と呼ぶようになりました。

プラトンは、失われたアトランティスは「ヘラクレスの柱の入口の前方」にあったと書いています。すなわち、プラトンのいるギリシャ（地中海）から見ると柱の前方が、大西洋に当たります。それで、アトランティスは大西洋にあることになったのです。

この後、アトランティスは他の場所ではないかと疑う人も数多く現れました。たとえば、アトランティスの候補地として、アメリカ大陸、ブラジル、インド洋、北海、南極大陸などが挙げられました。

つまり、地球上のありとあらゆる地域がアトランティスの候補地ではないかと考えられたのです。実際、アトランティスの候補地とされた場所を数え上げると、１７００か所以上にもなるといいます。

エーゲ海のサントリーニ島

さて、アトランティスはアトランティス「大陸」とも呼ばれるように、巨大な陸地と考えられてきました。実際、プラトンはアトランティスの大きさについてもヒントを残しています。「リビアとアジアを足したよりも、なお大きな島」という記述です。

プラトンが生きていたギリシャ時代には、リビアはアフリカ大陸を指していました。アトランティスはアフリカ大陸とアジアを足したより大きな島、ということから、「島」というよりは「大陸」と考えられるようになったのです。

しかし、そもそもそんなに大きな陸地が消滅するのだろうか、という疑問も出ました。大きさに関してプラトンが残したヒントはもう一つあります。「アトランティスには、大陸のような大きな島の他にも、小さな島の存在があった」という記述です。

その島の形についてプラトンは、「円形の帯状の陸と海が交互に取り囲むようにしてできていた。面積の大きいものもあれば、小さいものもあった。陸の帯は二重、海の帯は三重であった」と書き残しています（図版6－1）。

アトランティスの中心部には、「メトロポリス」という中央都市がありました。メトロポリスとは、政治経済や文化の中心になるような大都市の意味で、メトロポリタンやメガロポリスと同起源の言葉です。

『クリティアス』には、「アトランティスの都で直径5スタディオンほどの円形の島で、その中央の島を、三つの海水路と環状壁で交互に囲んでいた」と記されています。さらに中央の島には神殿があり、ポセイドンを祀（まつ）った社（やしろ）があったのです（図版6－1）。

エーゲ海に浮かぶ火山島

地質学的に見て、こうした状況で思い当たるのが、地中海の中にあるサントリーニ

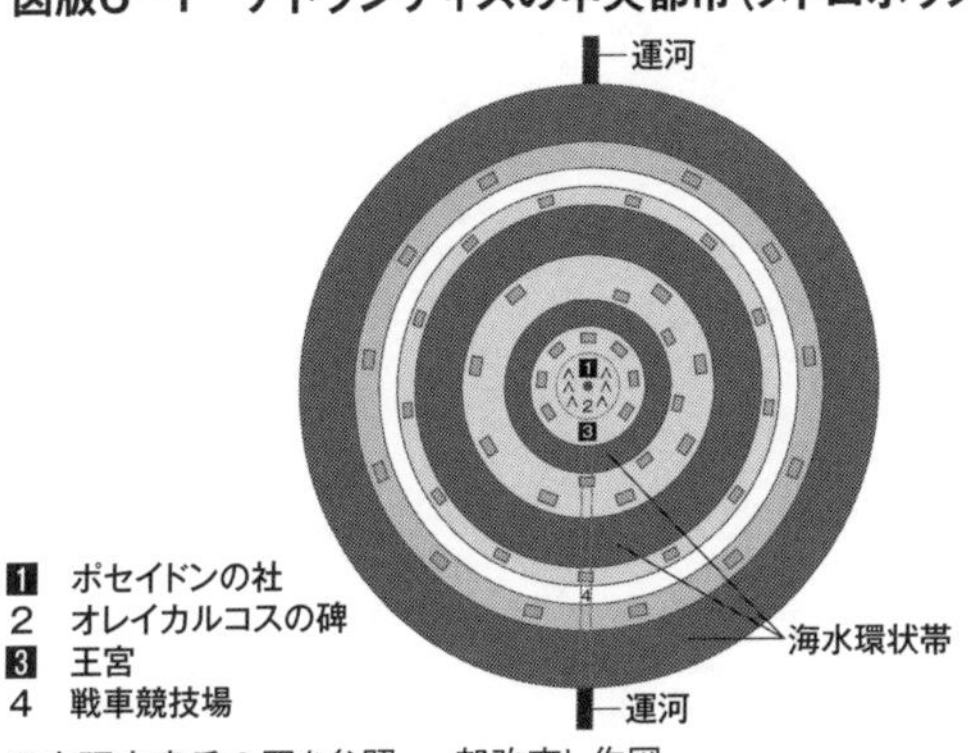

田之頭安彦氏の図を参照、一部改変し作図

島です（図版6−2）。メトロポリス（中央都市）の形と比べてみると、どちらも中央に島があって環状の水路と壁のような陸地があります。ここで、本物のアトランティスはサントリーニ島ではないかという説が登場するのです。

アトランティスの候補となったサントリーニ島はエーゲ海に浮かぶ火山島ですが、ティラ島と呼ばれていました。現在はギリシャ屈指のリゾートでもあり、海水浴とワインと温泉などが楽しめます。

切り立った崖の上では、白亜の美しい壁を持つ家並みが続きます。西側には断崖絶壁があり、ここから見るエーゲ海に沈む夕日はとても美しいものです。

さて、火山学的には、この島はインドネシア・クラカトア火山のような巨大なカルデラでつくられた島です。すなわち、火山の巨大噴火が生んだのがサントリーニ島なのです（図版6−2）。

先ほど述べた、プラトンが残したヒント「ヘラクレスの柱」の謎は、実はジブラルタル海峡でなくても成り立ちます。現在のギリシャ南部、ペロポネソス半島の南端にはタエナラム（マタパン）岬とマレアス（マレア）岬があります（図版6−3）。これらが「ヘラクレスの柱」と呼ばれた地形上の特性に合うのです。

実は私自身、アトランティスのサントリーニ島説には以前から注目していました。というのは、サントリーニ島の形がプラトンの描写と似ているだけでなく、プラトンは火山と関係のある記述をしているからです。

たとえば、アトランティスには温泉と冷泉があり、赤や黒や白い石があると書かれています。これらは火山地域にはごく普通に見られる現象です。さらに、メトロポリスはサントリーニ島の中央火口丘に当たり、大きさもほぼ一致するのです。

図版6−2 爆発前後のサントリーニ

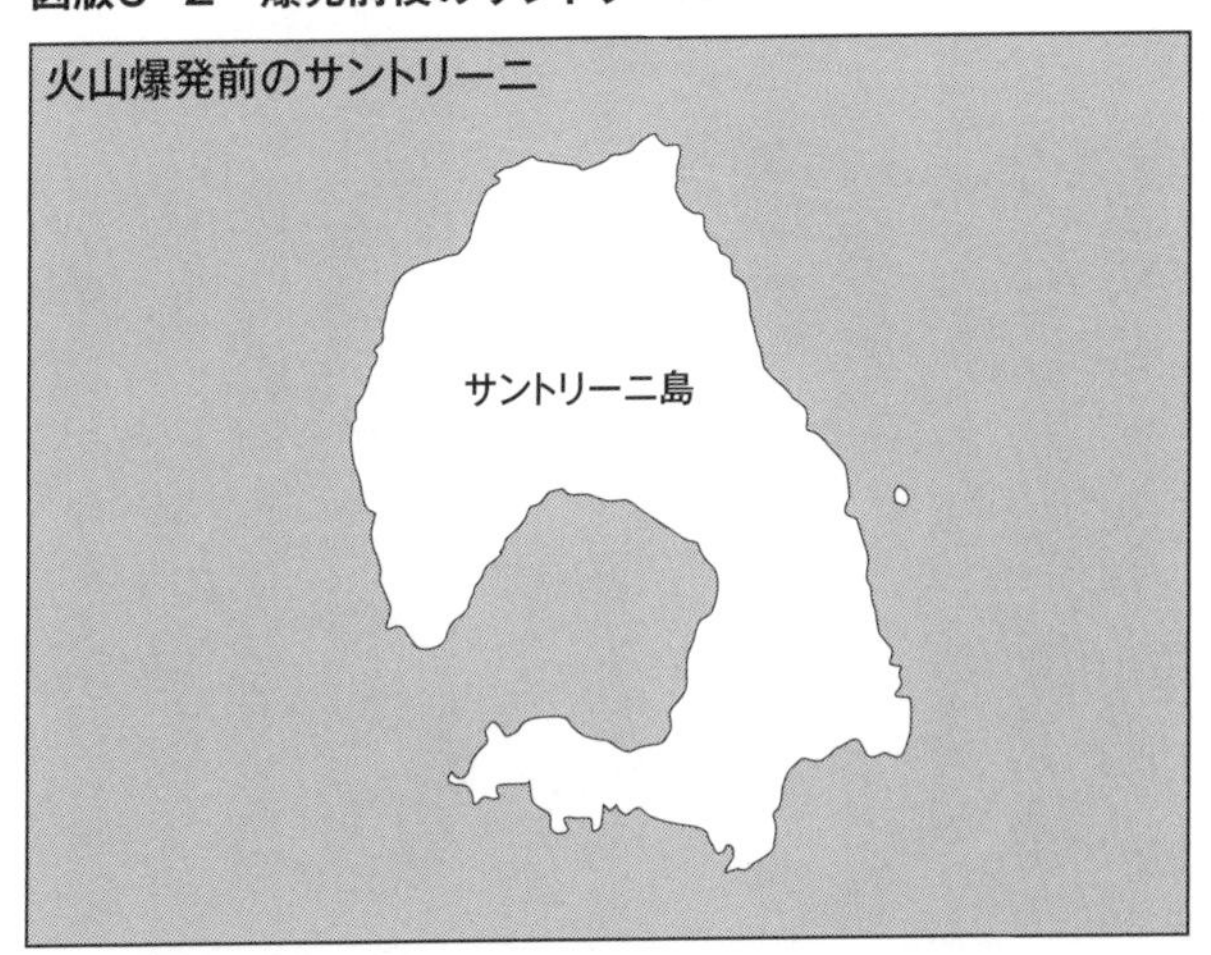

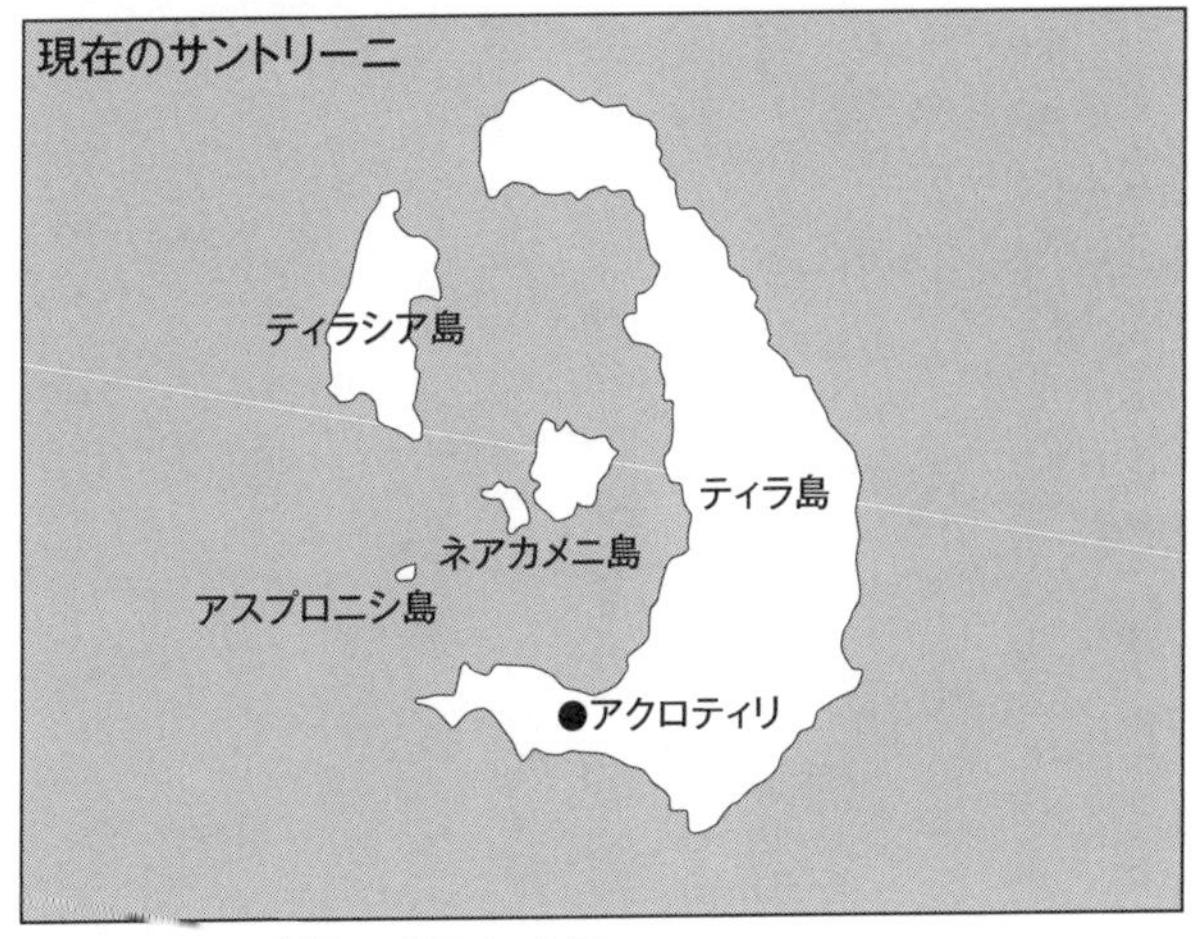

竹内均氏の図を参照、一部改変し作図

図版6−3　エーゲ海の島々と古代都市

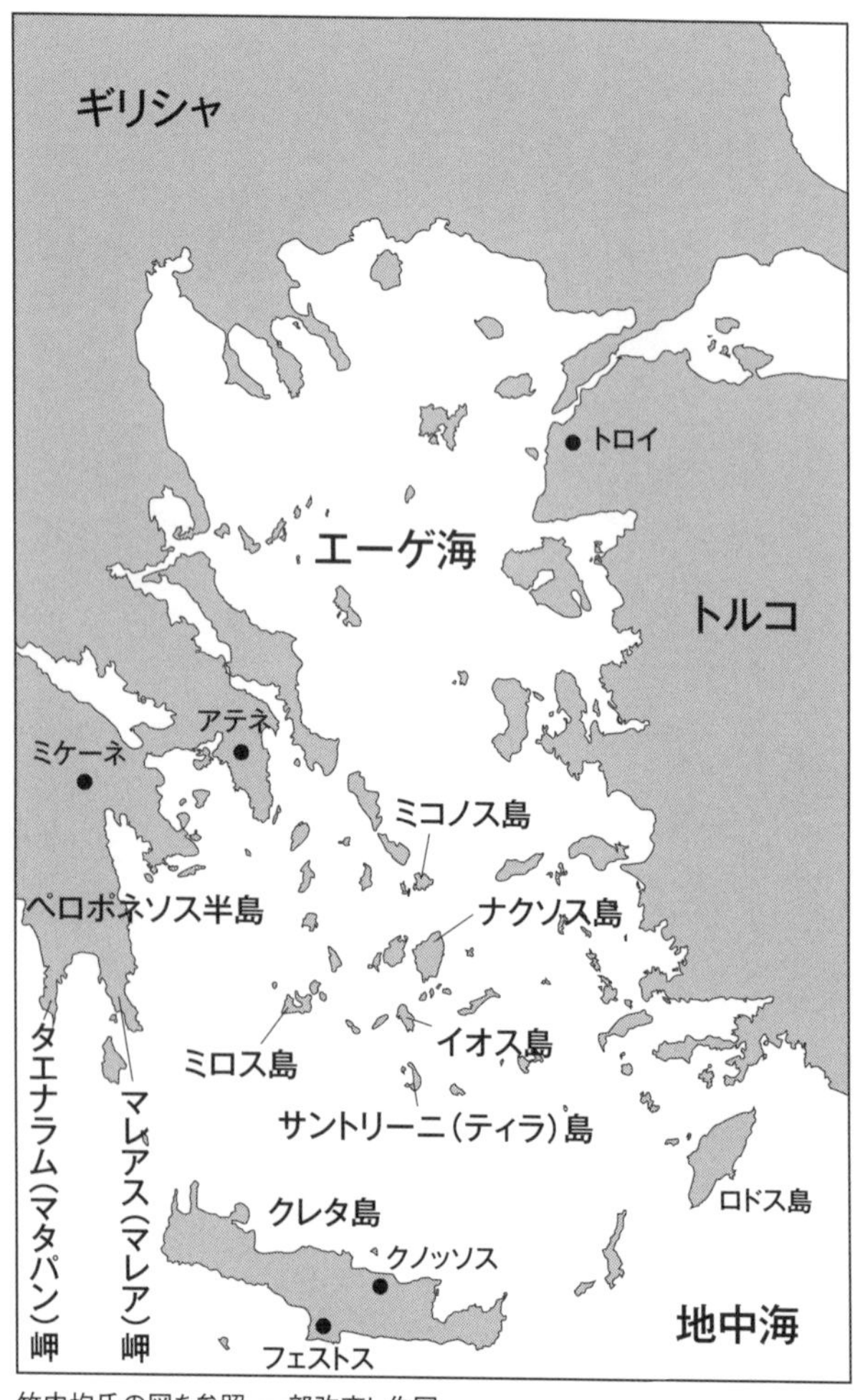

竹内均氏の図を参照、一部改変し作図

事実、サントリーニ島には火砕流の形跡があります。したがって、プラトンのアトランティスは現在のサントリーニ島と考えて間違いないと考えられるのです。

噴火で滅んだ高度な文明

サントリーニ島には、古代文明の一つである「ミノア文明」が残されています。ミノア文明はエーゲ海で栄えた青銅器文明のことで、伝説として語られているミノス王に因みます。

紀元前20世紀～前15世紀頃に繁栄した高度な文明で、大規模な宮殿や色とりどりの陶器を残しています。その中心はサントリーニ島の南にあるクレタ島にあり（図版6－3）、3500年以上も前に水洗トイレを持つような洗練された文明が栄えていたのです。

クレタ島には、サッカー場4面分の広さを持ち、部屋の総数が1300という壮大なクノッソス宮殿の遺跡があります。この宮殿の壁画には「雄牛」が描かれています。ミノア文明では、雄牛をジャンプして飛び越えるという非常に危険な競技があったのですが、それを描いているのです。

さらに、プラトンは「アトランティスは青銅器文明」と述べていますが、これもミノア文明が青銅器文明であったことと合致します。こうした事実を踏まえると、海水に囲まれたメトロポリスはサントリーニ島となり、アトランティス大陸はクレタ島と推定できます。

実際にはクレタ島は大陸ではありませんが、すべてが誇張された形で後世に伝わるのが伝説の常でもあります。アトランティスこそがその好例と言えるでしょう。

その後、堆積物のくわしい地質調査などによって、火山噴火の規模がだいぶ判明してきました。また、噴火の前には地震が多発し、クレタ島では大きな被害が出た証拠も発掘されました。

こうしてミノア文明は、紀元前1620年頃にサントリーニ島で起きた大噴火の影響で消滅したと結論されました。一方、その後の調査によってミノア文明は大噴火の約半世紀後に滅んだもので直接の原因ではないという考えも出され、現在でも研究が続いています。いずれにせよ、大噴火と文明の消滅の因果関係は、古代から人類が強い関心をいだいてきた第一級のテーマなのです。

過去に日本で起きていた巨大噴火

さて、火山の大噴火で島が消滅してしまうという事件は、日本でもあります。いまから7300年ほど前、鹿児島沖の薩摩硫黄島で巨大噴火が起きました。その結果、大きな陥没構造（カルデラ）ができ、残りの地域が小さな島として残りました。ちょうどサントリーニ島と同じような島々が残ったのです。

この噴火では、大量の火砕流と火山灰が噴出しました。高温の火砕流は海を越えて九州に達し、南九州一帯を焼け野原としてしまいました。当時ここで暮らしていた縄文人が全滅した証拠が地層の中に残っています。

また、上空高く舞い上がった火山灰は、偏西風に乗って東の方へ飛んでいきました。「アカホヤ火山灰」と呼ばれているものですが、遠く関東・東北地方にも飛来して堆積しています。かなり広範囲にわたり、このときの火山灰が白っぽい地層として現在でも残っているのです。

日本列島では、こうした大規模な火山噴火が7000年に一度くらいの割合で発生しています（鎌田浩毅著『知っておきたい地球科学』岩波新書を参照）。サントリーニ島の噴火も、これと同じような規模の巨大噴火でした。火山灰はギリシャやトルコだけでなく、遠くエジプトや黒海まで飛んでいきました（図版6－4）。こうして火山灰の分布を地図で見ると、いかに激しい噴火であったかがよくわかります。

プレートで地球を見る

ここで地球の見方について、一つご紹介しましょう。世界地図に地震や火山の噴火が起きる場所に印を付けて見ると、太平洋をぐるりと囲む地域にたくさんの印が付いてきます。

あるいは、海の中にポツポツと点のように連なる小さな島の上にも、地震や火山の印が付いています。たとえば、インドネシアやニュージーランドなどもそうです。地震と火山の起きる場所を眺めていると、これらが地域的に偏っていることがわかります。ここが大事なポイントです。

図版6−4　火山灰の分布域（白丸が噴出源のサントリーニ島）

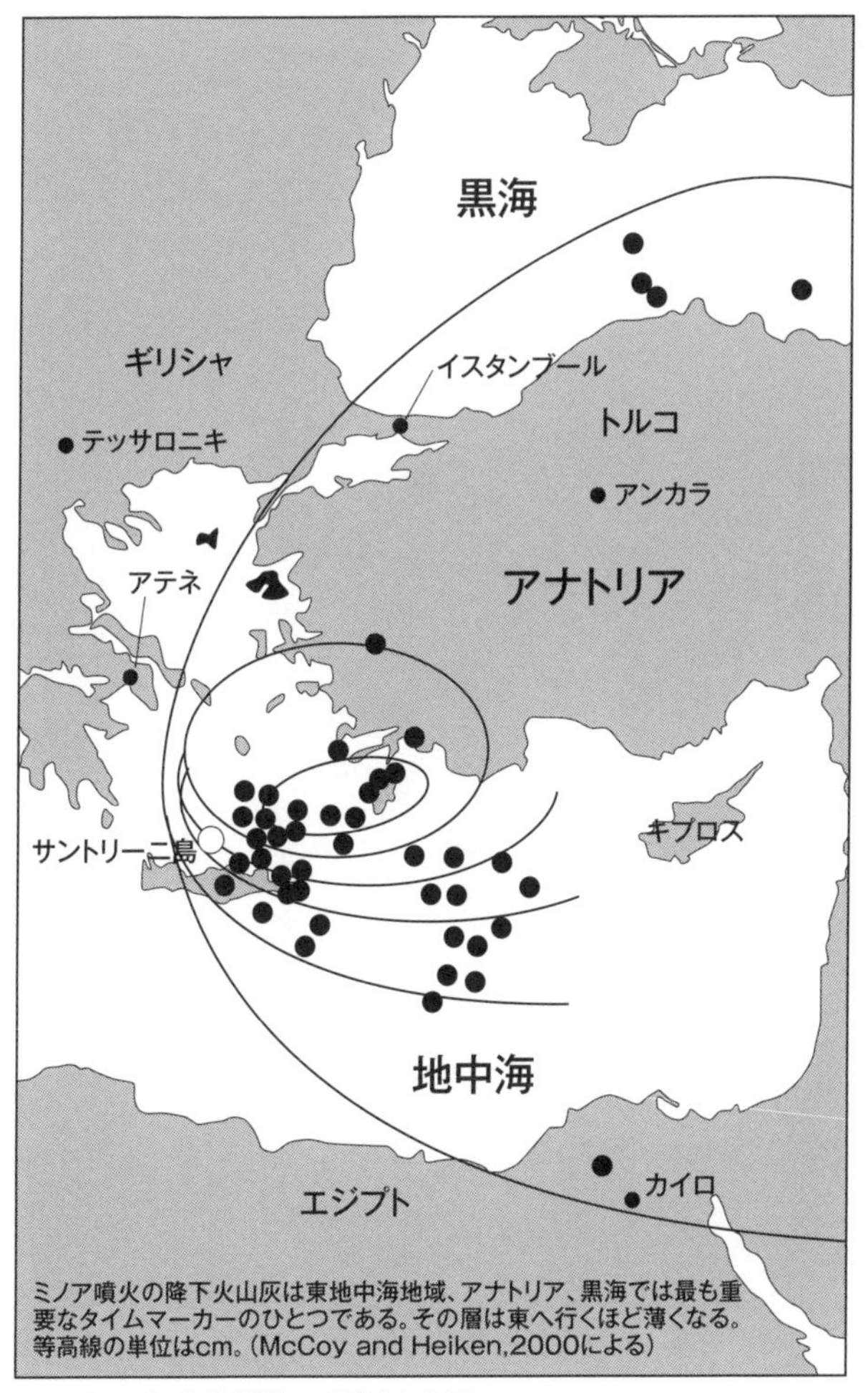

ミノア噴火の降下火山灰は東地中海地域、アナトリア、黒海では最も重要なタイムマーカーのひとつである。その層は東へ行くほど薄くなる。等高線の単位はcm。（McCoy and Heiken,2000による）

フリードリヒ氏の図を参照、一部改変し作図

実は、地震や火山が地球のどこで発生するかは、地球上を覆う「プレート」が決めています。東日本大震災のあと、テレビや新聞で太平洋プレートが北米プレートの下に沈み込む図をたくさん目にされたことと思います（図版2－1）。

このプレートは、本来グニャリと曲がっているものではありません。畳のように平たくて固い岩板が、延々と2億年もの間、平らな状態で地球の表面を旅しているのです。

地球の表面はこうした岩の畳で隙間なく覆われています。和室の畳は動きませんが、地球上のプレートは絶えず動いているのです。地球にはこのようなプレートが11枚ほどあります。

それらには「ユーラシアプレート」「フィリピン海プレート」「インド・オーストラリアプレート」などと、すべて名前が付いています（図版1－2）。

人間は便宜上何に対しても名前を与え、特定したがるものです。そのためプレートもしっかり固有名詞が付けられていますが、細かい名前は無視してかまいません。まず、地震や噴火はこの畳の動きが鍵を握っているということに注目してください。何億年にもわたる畳の水平運動が、地表のダイナミックな活動の原動力となっているのです。

次に、その出発点であるプレートの故郷（ふるさと）の話をしましょう。最初にプレートが生まれるところは海の底です。そこは「海嶺（かいれい）」と呼ばれる場所ですが、海底に高さ3000メートルにも及ぶ大きな山脈ができています。この巨大山脈は太平洋や大西洋の中央を何万キロメートルも連なっているので、「中央海嶺」と呼ばれています。

太平洋底の中央海嶺は、日本から見てハワイよりもずっと東、南北アメリカ大陸に近い海底にあります。ちょうど野球のボールの縫い目のように、太平洋の真ん中にスジが通っているのです。すべてプレートが誕生するところですが、中央海嶺はぐるりと地球を一周しています。

さて、海嶺で誕生したプレートは、しばらく水平に動いていきます。日本列島にやってくるプレートが生まれた場所は、東太平洋海膨（かいぼう）という場所です。基本的には海嶺と同じものですが、海嶺よりもやや広い地形が海底にあるので、海膨という名前が付けられています。東太平洋海膨で生まれた太平洋プレートは、右と左に、すなわち東と西に分かれて何億年という旅を始めます。

プレートのゴール、日本列島

2億年以上にも及ぶプレートの旅の終着点には、別のプレートがあります。日本列島の場合は四つのプレートが、互いにせめぎ合いをしています（図版1－1）。ここで太平洋プレートは斜め30度くらいの角度で沈み込んでいくのです。これが「沈み込み帯」と呼ばれるところです。

沈み込み帯では海底が引っ張られて非常に深くなりますが、その一つが「日本海溝」です。沈み込み帯には地震や噴火の発生する地点が密集しています。

ちなみに太平洋プレートの西のゴールが日本列島ですが、東のゴールは北アメリカ大陸です。ゴールまで来ると最後に必ず別のプレートの下に沈み込んでいきます。ちょうどベルトコンベアーを上から見たような状態です。

このようにプレートは片方で生まれて、もう一方で消えていくのです。こうした考え方は地球科学で「プレート・テクトニクス」と呼ばれています。

このプレートが動く速さは、かなり速いものです。どれくらい速いかというと、1年に5～10センチメートルくらい、ツメが伸びるくらいの速さですが地球科学的にはものすごく速い現象なのです。

我々は100万年、1000万年という時間単位でものを考えます。ちなみに火山の寿命は100万年くらいですが、ハワイのオアフ島は500万年前にできた火山です。また、ヒマラヤ山脈をつくるために、4000万年間ほどインド大陸がアジアを押してきました。

こういう長さで地域を見ていると、100年や1000年に1回地震を起こすプレートの動きなど、地球科学的にはあっという間の出来事です。よって、地震や噴火を起こす「ツメが伸びるくらいの速さ」のプレートはすごく速い、と私には思えるのです。

ここで何十万年、何百万年がイメージしにくいときには、「年」を「円」にしてみると感覚的につかめます。たとえば、火山の寿命は100万円。オアフ島は500万円。ヒマラヤは4000万円。

こうしてみると100円や1000円の地震はごく小さな値でしょう。ついでに地球の誕生は46億円で、宇宙の歴史は137億円です。すべて円に換算してみると、地球科学者の「長尺の目」が身近になるのではないかと思います。

地球科学的な視点で人生を考える

さて、ここから少し地震や噴火の話を離れて、地球科学的な「ものの考え方」について考えてみたいと思います。

私たちは二つの意味で日常生活とは異なる視点を持っています。まず、時間的視点では地球46億年を基準に考えています。このことを私は「時間的な長尺の目」と呼んでいます。こうした視座を持つと、小さなことに惑わされなくなり、くよくよしなくなります。

世の産業の多くは目先の業績に追いまくられ、わずか3か月の四半期で結果を出す仕事を要求されています。現実問題としては、数月でそれなりの成果が見えない事業は見直しをしなければならないのが実情です。私はこうした資本主義そのものに異を唱える気はありません。

しかし、問題は仕事を離れて、自分の人生設計や人とのつながりを考えるときに生じます。ものの考え方や価値観を四半期という短いスパンの成果主義に毒されてしまった人が、街中にはたくさんいます。

プライベートな時間はどんどん削られ、せっかくの休日は死んだように眠るだけという人たちです。こうして人生の豊かさそのものを失っていく生き方の危うさに、どこかで気づいてほしい、と私は願うのです。

こうした思いから、私は「長尺の目」で人生のすべてを捉え直そうという書籍を何冊か刊行してきました。たとえば、『マグマという名の煩悩』（春秋社）は、現実社会の煩悩に翻弄される窮屈な人生を離れて、ゆるやかで視野の広い生き方を提案したエッセイです。地球科学的時間とゆとりを生活の中にぜひ取り入れていただきたい、と願って執筆したものです。

実際に東日本大震災やコロナ禍のステイホーム以降、自分の時間を大切にする若い人が増えてきました。家族や友人と過ごす時間、自分の趣味の時間、教養に充てる時間などが、以前よりも大事にされるようになってきたようです。このような流れは人生にとってとてもよいことではないか、と私は期待しています。

もう一つの大きな視点は、空間的な大きさです。地域や国といった小さな単位で見るのではなく、地球規模のスケールで判断していくのです。「空間的な長尺の目」と言ってもよいでしょう。このような時間的・空間的に大きな視座を、みなさんの普段の生活にも取り入れていただければ生き方が変わるのではないか、と考えているのです。

ところで、イタリア南部エトナ火山の調査に行ったときのことです。エトナ火山は日本の富士山と同じような円錐形の美しい形をしています。10年おきくらいにさかんにマグマを噴出する活火山で、一つの噴火口を何万回も使いながら成層火山を形成してきたのです。ちなみに鹿児島県の桜島火山は、最近1年間に１０００回近くも噴火をしています。

さて、エトナ火山から出てくるマグマは、富士山と同じ化学組成を持つ玄武岩質です。私は調査でエトナ火山に落ちている火山弾を集めていると、いま、自分が富士山にいるのかエトナ火山にいるのか、わからなくなってくるのです。

といっても、わからなくなって不安になるのではなく、むしろ安心感が生じるのです。振り返ってみると、後ろには黒々とした巨大な成層火山が聳（そび）えています。これには親しみと居心地のよささえ感じてしまいます。ちょうど旅先の宿で、我が家と同じ椅子が置かれていたときに感じるファミリアな安心感でしょうか。富士山が私にとって「マイ・マウンテン」であるように、エトナ火山もすぐにマイ・マウンテンとなってしまうのです。

つまり、地球科学を専門とするようになってから、私は日本とイタリアを「同じ地球の現象が表出した場所」として、両者とも身近に見るようになりました。こうなると、今度はユーラシア大陸とアメリカ大陸、また地球と金星、さらに太陽系が含まれている我々の銀河と隣の銀河、というように視座が空間的にみるみる拡大していったのです。

こうしたものの見方で世界や宇宙を認識することが、私にとっては「空間的な長尺の目」を持つことに他なりません。

しなやかに生きる

こうした思いに浸りながらイタリアの火山で一生懸命に研究調査をしたあとのことです。夕方になって山での仕事を終えて街に下りてくると、様相は一転します。エトナ火山の麓（ふもと）にあるカターニアの街は、陽気なイタリア人であふれかえっているのです。私の大好きな光景ですが、人も文化も日本とはまったく違う世界がここに展開されています。先ほどエトナ火山をマイ・マウンテンと思った感覚とは正反対の、異国に踏み込んだ興奮がここでゆっくりとおとずれるのです。

店に入って好物のパニーニを注文しようとするとこんな具合です。パニーニとはイタリアのサンドイッチのようなものですが、こちらの好みに合わせてパニーニに挟む具材を選ぶことができるのです。

生ハムやチーズ、野菜やオリーブオイルのフレーバーまで自分の好物を言えばよいのですが、イタリア語のできない私はここで立ち往生です。そこで身振り手振りを使って、私の好きな食材を体全体で伝えるのです。イタリアの田舎では英語もまったく通じないので、数を伝えるときには指を10本フル稼働します。

これはこれで実に楽しい経験なのです。活火山を見つめる科学者としての私は、丸ごと地球を見つめる大きな視点で考えます。ところがパニーニを注文する私は、四苦八苦しながらおいしそうな地元産の生ハムを選んでいるのです。イタリアの本場ファッションに合わせる革靴を選んだときも、まったく同じありさまでした。

火山学者はイタリアに行ってもフィリピンに行ってもアメリカに行っても、活火山さえあればどこでも楽しむことができます。しかも、こうした火山に加えて、それぞれの土地には、異なる歴史文化と伝統とおいしい食べ物と豊かな色どりの服もあるのです。

私は世界中の活火山を「空間的な長尺の目」で等しく身近なものとして捉え、かつ地域の多様性を愛でる時間を異国の研究調査の中で大切にしてきました。これが私流の科学者としてのスタイルなのではないか、と考えています。

私は本書で、時間的にも空間的にも大きな長尺の視点を持つ生き方の提案を、みなさんにしたいと思います。日本列島では今後も引き続き天変地異が押し寄せてきます。大地変動の時代はすでに始まってしまいました。

しかし、それを怖いものとしてただ怯えるのではなく、長い目で興味深い歴史と地理と自然の数々を発見していくような視座を持っていただきたいと思うのです。それこそが、我々が祖先から受け継いだ「しなやかな生き方」なのではないでしょうか。

「流れ橋」という発想

かつての日本には、「大雨が降ったら川は氾濫するのが当たり前」という見方がありました。よって、氾濫した水に抗うのではなく、むしろ流れやすい橋桁を架けることで、自然の力に寄り添うという発想が生まれました。「流れ橋」というアイデアですが、非常に合理的な考え方だと私は思います。

流れ橋の特徴は、氾濫のあとに残った橋脚の上に橋板だけを架け替える、というものです。流木などがぶつかった際に橋板に大きな力がかかり、橋全体が破壊されることがあります。

それよりも橋板を流してしまうことで基盤の橋脚を守り、後の復旧作業を迅速に行うという昔ながらの知恵です。橋板に紐をつけておきリサイクルすることもあるそうです。なんとしなやかな発想でしょうか。

ここでもう一つ大切な点があります。橋板が復旧するまでゆっくりと待つ、ということです。効率だけを重視するのではなく、できあがるまでの数週間ほどを静かに待てばよいのです。

その間に、流されずに残っている橋まで道を迂回（うかい）することもあるでしょう。でも、最短の距離と時間で目的地に達しなくてもよいのです。これからの日本人には、こうしてゆっくりと待って生きる生き方が必要なのではないか、と私は思うようになりました。

いままで当たり前のように使っていたインフラがなくなっても、なんとかやっていくのです。あれこれ工夫することで生活に支障をきたさずに暮らす知恵です。これはフランスの文化人類学者レヴィ＝ストロース（1908〜2009）が説く「ブリコラージュ」の発想でもあります。

とりあえず入手できるものを使って、椅子などを器用につくってしまうことを、フランス語でブリコラージュ（Bricolage）といいます（鎌田浩毅著『座右の古典』ちくま文庫を参照）。

レヴィ＝ストロースは、未開の民族がありあわせの材料で目的に達するさまを、驚きと称賛の目で書き綴っています。確かに彼らは先進国に住む我々と比べれば圧倒的に少ないものしか持っていません。コンビニエンスストアもなければ電気も水道もないのです。大自然に存在するものだけを用いて命をつなぎ、満天の星が広がる夜空を眺めて暮らしているのです。

いまの日本では、豊富にあるものがなくなると不安になり、ストレスを感じる人が少なからずいます。トイレットペーパーの買いだめなどは、その最たるものでしょう。

しかし、生きる上で本当に必要なものとは、何でしょうか。東日本大震災はこのことを多くの日本人に突きつけたのではないかと私は思うのです。ブリコラージュの発想で、いかなるときにも動じない自分をつくりたいものです。

ところで私の友人に、しなやかな生き方を実行している人がいます。東京で超がつく多忙の毎日を送っているのですが、月末には大都会の喧騒を逃れて太平洋に浮かぶ南の島へ雲隠れしてしまう男です。

彼は、日常を時間に追われているからこそ、「たまには居場所を変えてみよう」と、宿の予約もせずに突然行ってしまうのです。携帯電話やパソコンは言うに及ばず、着替えすら一切持ちません。彼はその島に着いてから泊まれる宿に泊まり、売っているものを食べて、一日中ボーッとして過ごします。月末だけでもブリコラージュで暮らそうとするこの友を、私はしなやかな生き方の達人だと思っています。

写真8　300年以上平穏な時期が続いている活火山・富士山

下部に見える巨大なくぼみは1707年の宝永噴火の火口で、その直径は1300メートルほど（写真:iStockphoto）

第7章

科学で災害はコントロールできるのか

科学を知り、活用する

科学への妄信、過剰な要求が危うい

科学の限界について、第1章（40ページ）で紹介した中谷宇吉郎博士に再び登場してもらいましょう。1900年に生まれた彼は、東京帝国大学理学部で寺田寅彦博士（1878〜1935）から物理学の指導を受けました。寺田博士は、夏目漱石（1867〜1916）の代表作『吾輩は猫である』に登場する科学者水島寒月のモデルになった人です。

中谷博士はのちに低温物理学の研究者となり、雪や氷の結晶に関する世界的な業績を残しました。低温物理学というとちょっと難しそうですが、零度以下の低温室の部屋に置かれた顕微鏡で雪や氷を覗いて見るのです。これは私のような部外者が見ても、とてもきれいで感動します。

中谷博士は優れたエッセイを数多く著した、いわば「文理両道」の才人です。その中には私のお気に入りの一冊『科学の方法』(岩波新書)があります。一流の物理学者が科学の限界についてもわかりやすく解説した名著ですが、彼は人々が無批判に科学を受け入れることに対して警鐘を鳴らします。

科学とは「自然現象の中から、科学が取り扱い得る面だけを抜き出して、その面に当てはめるべき学問」であると彼は説きます。そして「科学の内容をよく知らない人の方が、かえって科学の力を過大評価する傾向があるが、それは科学の限界がよくわかっていないからである」と諭すのです。

科学で自然のすべてを解明できると思ったら、大間違いです。このことは私たち科学者からすればとても当たり前のことです。しかし、一般の方々はそうは思ってくれません。中谷博士が書いているように、「信仰」と言ってもよいような科学への過剰な期待があるからです。その一方で、むやみに科学を嫌ったりする人も少なからず存在します。

たとえば、「科学は将来の快適な生活を保証する」、あるいは「将来に必ず禍根(かこん)を残す」、という正反対の見方がしばしば見受けられますが、いずれも極端すぎます。こうした「誤解」に科学はいつも取り巻かれているのです。

「解ける問題」と「解けない問題」を仕分ける

では、科学は人間が未来を生き抜く上で、どのように役立つのでしょうか。科学者は人類が得た知識を総動員して「解ける問題」を探し、ここに自らの時間とエネルギーと資金を注入して、未来を予測してきました。つまり、科学者は知力を絞って「解ける問題」と「解けない問題」を分けてきたのです。

逆に言うと、「解けない問題」については、科学者は解こうとしません。科学者はみな「解ける問題」と「解けない問題」を最初に峻別（しゅんべつ）しようとします。では、いったい解ける問題とは何でしょう。

地質学には「過去は未来を解く鍵」という考え方があることを述べました。過去に起きた事象をくわしく調べることによって、未来に起きる可能性のある現象を予測できるからです。実は、このような事象は、「解ける問題」の線上にあるものです。

たとえば、プレートの沈み込みによって、どんな力が地面にかかったのか。また力の解放によって、どんなひずみが新たに発生したのか。それらは地球の重力や物質の移動とどんな関係があるのか。こうしたことをモデル化し、また数値化したあとに、地球上の他のすべての現象に当てはまるかどうかを我々はくわしく検証します。

科学のルールに従って計算すれば、世界中の誰もが同じ結果が得られる。そのときに科学は初めて「地球の未来はどうなるか」をきちんと予測することが可能となるのです。

おびただしい事実の蓄積である過去を精査すればするほど、未来の予測はより確実なものとなっていきます。解ける問題は、本当はたくさんあります。こうした解ける問題を着実に解くという姿勢が、予測困難な未来に対処する上ではとても重要なのです。

万が一か、９９９９の可能性か

未来を予測する上で一番難しい問題の一つに子育てがあります。親が子どもの健やかな成長を願うのはごく当たり前のことです。私にも息子がいますが、我が子にとって何が最善かを小さい頃から模索しながら、子育てをしてきました。育児に関する本をたくさん読み、経験豊富な人から話を聞いて学んできたのです。

その中には科学的な教育に関する本も数多くありました。しかし、いくら勉強しても、子育ては大変難しいものです。というのは、子育てにおいては毎日が新しいこととの格闘だからです。

年齢が30歳の父親であろうとも、子どもが1歳ならば親も経験年齢は1歳です。子どもが5歳になると、親としても5歳に成長します。これは古今東西変わらぬ事実なのです。

時には、この方法がよい、あの方法もよいと迷います。世に氾濫する情報をもとに全力で育てるあまり、いつの間にか、その方法はダメだ、これも危ない、あれもさせてはいけない、という負の情報も次第に蓄積していきます。

講演会などで私もよく子育ての相談を受けるのですが、こういう話をたくさん聞きます。「ブランコから落ちると頭を打つ事故につながるので遊ばせない」「ナイフを使

う と手を切るから持たせない」「火遊びをするからマッチやライターは触らせない」「無駄遣いをするのでお金は持たせない。おもちゃとお菓子は親が与えればよい」「登下校は誘拐や通り魔の危険があるから必ず送り迎えする」など、きりがありません。

しかし、万が一という不安のもとに、「あれはダメ、これもダメ」と子どもの行動を規制してしまったらどうなるでしょうか。こうして育てられた子どもが大人になったらどうなるかを、ちょっと想像していただきたいと思います。

人は知識が増え、すべてを知識で考え始めると、それにとらわれ、がんじがらめになることがあります。知識は所詮よそからもらったものですから、やがては自分の中に不安が生じます。不安に振り回されたあげく、自分のみならず他人の行動まで抑え込むようになるのです。

私はこうした不安の呪縛にとらわれそうになったとき、「万が一をとるか？　99 99の可能性をとるか？」と自分に問いかけます。万が一の不安にかられて、999 9もある未来の可能性を捨てるのは、いかにも馬鹿げています。よって私は、迷わず 9999の可能性をとるようにしています。

9999の可能性を選ぶ勇気

万が一地震が来たら怖いから、どこそこへは行かない。万が一噴火が来たら怖いから、これは諦める。こう自分に言いきかせて、せっかくの楽しい出来事や経験や勝負を放棄してしまう人がたくさんいます。これでは人生楽しくありません。

台風の合間を縫って目的地へたどり着いてみたら、そこにはどんな発見があるかもわかりません。期待もしていなかった素敵（すてき）な出会いが、自分の人生を大きく変えてしまうかもしれないのです。一か八かの勝負に勝って、思わぬ財産が築けるかもしれません。

元来、人間は好奇心と興味が行動力の源です。その興味が文化や科学を発展させてきたのです。ワクワクするような未知の世界に触れることは、人間を成長させるものであり、寝食を忘れて体験したいと私は思うのです。

当然失敗もあるでしょうが、それは次を成功へ導く原動力であり、ここにこそ知恵の使いどころがあるのです。もし失敗しても、その失敗の原因を考え、同じ失敗は二度としないようにする。しかし、失敗を恐れて殻に閉じこもることはせず、常に新しい世界への扉を開けるための行動を果敢にとる。

ワクワクするようなワンダーな可能性を秘めた9999の可能性を、私は見過ごすことはできないのです。「万が一……」という言葉が頭の中をよぎったときには、「9999の可能性」を同時に思い浮かべるようにすれば、豊かな人生を送るための切符を手に入れられる、と私は信じているのです。なお、こうした考え方については、拙著『一生モノの超・自己啓発　京大・鎌田流「想定外」を生きる』（朝日新聞出版）を参照いただければ幸いです。

では、「万に一つ」とは一体どういうことを言うのでしょうか。たとえば地震学では統計学的計算に基づいて地震が起きる確率を算出します。この予測に基づいて、津波を防ぐ堤防が築かれ、避難経路が決められます。水や食糧が備蓄され、過去の教訓も踏まえたさまざまな対策がとられます。

東日本大震災でも、避難訓練を行っていた人々の多くが助かっています。岩手県釜石市のように、避難が成功しほとんど犠牲者を出さずに済んだ学校もありました。また、崩れてしまったとはいえ、世界有数の防波堤があったからこそ、津波の第一波をある程度抑えることができました。そこで稼いだ時間差のおかげで救われた方も、たくさんいるのです。もし防波堤がなかったら、もっと多くの人が命をなくしていたことでしょう。

しかし、防災の努力によって、一万人のうち9999人の命が救われたとしても、命を落とした残り一人にとって、科学は何の役にも立たなかったことになります。万が一は、やはり厳然と存在するのです。そのような現実について、中谷博士は著書の中でこう述べます。

《科学は、洪水ならば洪水全体の問題を取り上げ、それに対して、どういう対策を立てるべきかということには大いに役に立つ。すなわち多数の例について全般的に見る場合には、科学は非常に強力なものである。しかし全体の中の個の問題、あるいは予期されないことがただ一度起きたというような場合には、案外役に立たない》(『科学の方法』岩波新書より)

彼は統計の世界で「全体と個」がどう扱われるかに着目します。そして自然科学は全体の傾向を指し示すものであり、個々の事象をすべて予測できるものではないことを説きます。

科学は多くの人たちが期待するように万能ではありません。

《しかしそれは仕方がないのであって、科学というものは、本来そういう性質の学問なのである。（中略）ちっとも科学を卑下（ひげ）する必要はない。科学というものには、本来限界があって、広い意味での再現可能の現象を、自然界から抜き出して、それを統計的に究明していく。そういう性質の学問なのである》（同書より）

ここで、科学が生み出した素晴らしい成果をいくつか見てみます。第3章で解説した緊急地震速報も、日本が世界に誇れる最先端技術の一つです。同じように防潮堤も防波堤も数多くの命を救ってきました。これらは中谷博士の言う「解ける問題」に着実に取り組み、見事な成果を挙げた例です。もう少し地震防災に関する科学技術の話をしてみましょう。

防波堤という科学の力

岩手県宮古市の田老(たろう)地区には、コンクリートでできた頑丈な防潮堤がありました。これは高さ10メートル、総延長は2400メートルにも及び、人工衛星から確認可能な建造物の一つとして、地元の人たちから「万里の長城」と親しみを込めて呼ばれていました。

ところが、東日本大震災の巨大津波は、この壮大な防潮堤をいとも容易に乗り越え、無残に破壊してしまいました。津波というものは思ったよりもはるかに強い力があるのです。

たとえば、高さが1メートル程度の津波でも、時速50キロで走る車が追突してくるほどの衝撃力があります。東日本大震災では、これに加えて津波に押し流された漂流物によって破壊力が増加したのです。

図版7－1　釜石市の湾口防波堤が津波を低減した様子

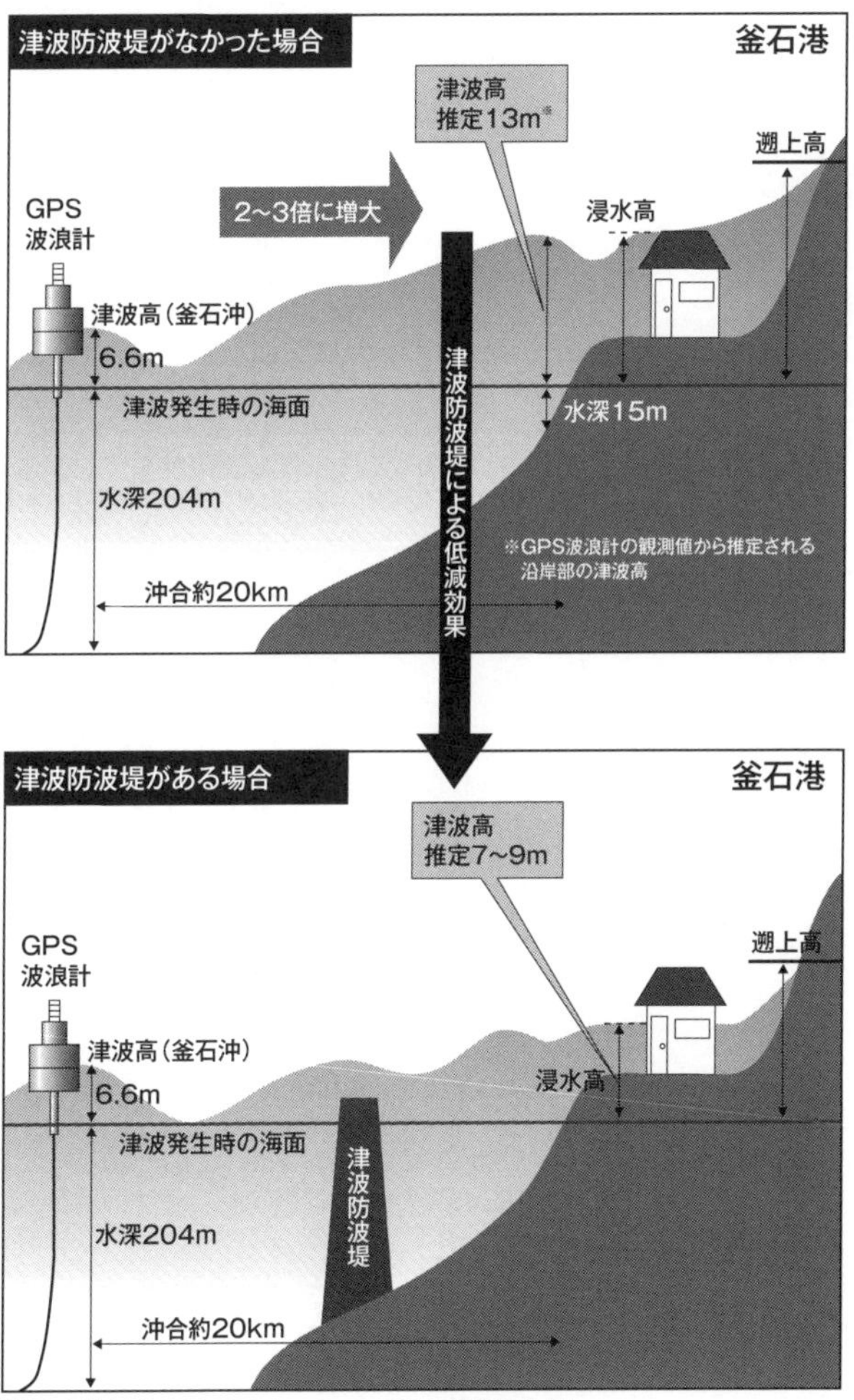

港湾空港技術研究所のホームページより参照し作図

また、釜石市の湾口には、最大水深が63メートルに及ぶ防波堤がありました。これも巨大津波で破壊されてしまいましたが、しかし、壊れる途中で津波を減衰させるという役割を果たしました。計算してみると、襲ってくる津波の高さを最大6メートルも低くしたのです（図版7－1）。

このことは、住民が避難するための時間を、わずか6分間ではありましたが稼いだことになります。すなわち、壊れてしまった防波堤でも、犠牲者を半分に減らすことに寄与したのです。

もしこの防波堤が建設されていなければ、湾内の漁村や集落だけでなく市街の大部分が壊滅し、もっと大きな被害が生じたでしょう。このように防潮堤や防波堤がきちんと「減災」の役目を担った例は、他にもいくつもあります。これらは「科学の力」として見直していくべきことではないかと私は考えています。

耐震構造とは

建物の「耐震構造」や「免震構造」という言葉をメディアで目にすることがありま

す。これらも科学によって可能な「予測と制御」の領域の話です。

「耐震」とは建物の強さを増して地震の揺れに耐えることをいいます。大きな揺れを受けたとき、もし建物が弱ければ、もろくも崩れてしまいます。

たとえば、古い時代に建てられた建造物、増築を重ねて継ぎ足された建物などは壊れやすいものです。また、壁や筋交いの少ない建物も地震には弱いのです。一般には、壁がたくさんある建物は揺れに対して強い傾向があります。

建造物が壊れるかどうかは、地盤と建物の両方の状態によります。軟弱な地盤の上に堅固な建物が立っていると、大きな揺れを受けても建物はさほど変形せず、地盤のみが変形する。いわば軟らかい豆腐の上に硬い箸（はし）置きが乗っているようなものです。

日本列島には至るところに軟弱な地盤がありますから、こうして建物が変形しないようにして被害を減らすというのが「耐震」の発想です。

建物は地震と〝共振〟すると危険が高まる

地震の揺れは同じでも、建物が持っている揺れに対する性質によって、受けた揺れが増幅されたりします。これは建物が「共振」することによって生じる現象ですが、同じ建物でも1階にいるのか10階か30階かで、感じる揺れはまったく異なります。

共振とは、簡単に言うと、建物と地震波の相性の問題です。これらのタイミングがぴったり合うと、小さな揺れでも建物はブランコのように大きく揺れ出し、ひどい場合に倒壊に至ります。

「共振」という物理現象は、うちわで体をあおぐときに私たちが体験しているものです。暑い夏に私たちはちょうどよい速さでうちわを動かします。このときに、うちわの周りにある空気が、共振によって体まで届くようにあおいでいるのです。つまり、うちわと共振する周期で手を動かしているのですが、これより速く動かしても遅く動かしても、風をうまく送ることができないのです。

うちわの共振は風を効率よく発生させるために使われます。建物の共振は地震の揺れに対して効率よく反応するという意味では、科学的には同じ現象です。よって、建物の共振をなくすための制御を工夫しようとするわけです。

最初に、揺れに共振する建物の個性を具体的に調べていきます。まず、建物に固有

図版7−2　固有周期と共振

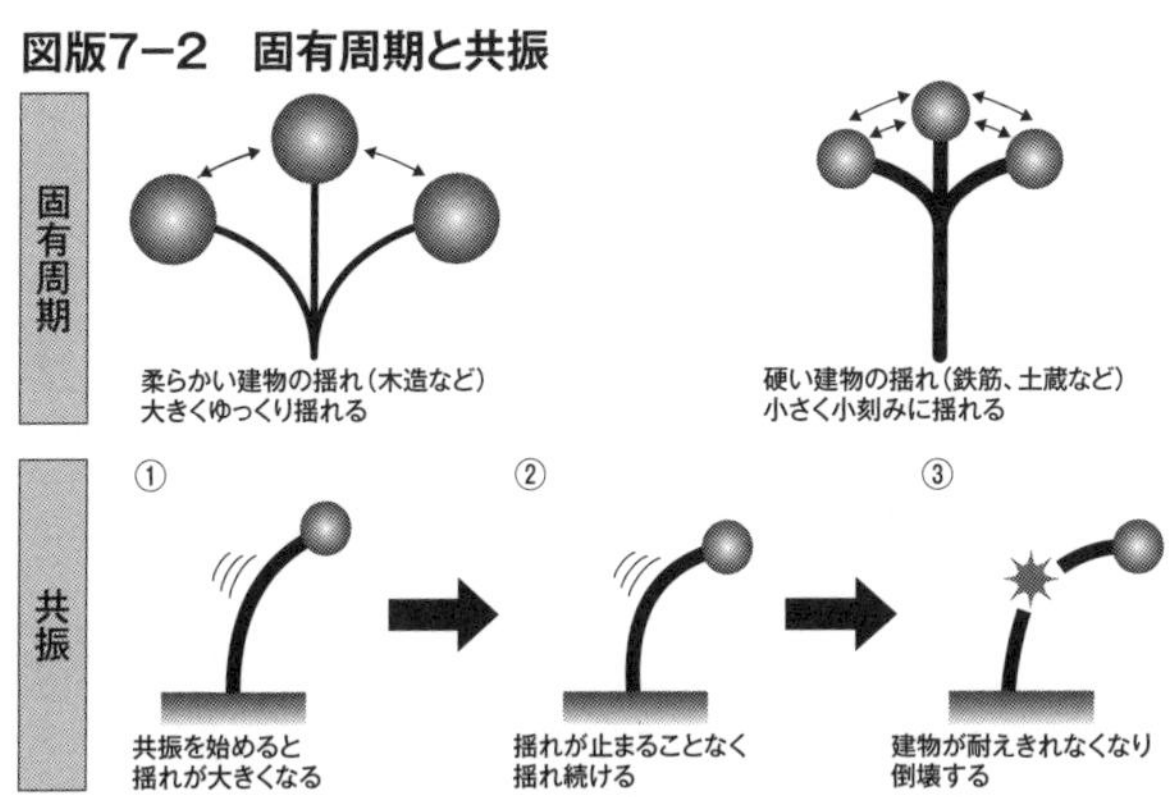

『地震のすべてがわかる本』（成美堂出版）を参照、一部改変し作図

の揺れやすい周期、すなわち「固有周期」を明らかにします（図版7−2）。

一般に、固有周期は、建物の高さとほぼ比例するものです。具体的には、建物の階数に0・1秒をかけた数字（周波数）が、固有周期の目安になります。たとえば、10階建てでは、1秒が固有周期となるので、周波数1秒の揺れがやってきたら一番よく揺れるというわけです。

東日本大震災では、東北から関東までを震度6弱以上の強い揺れが襲いました。全壊した建物数は約7600棟だったのですが、これは被害想定していた数の3分の1程度でした。すなわち、津波の被害を除けば地震動による実際の被害はそれほど大きくなかったのです。

その理由については、木造家屋を倒壊させる1～2秒周期の地震が少なかったから、と分析されています。確かに、阪神・淡路大震災ではこの周期の地震がとても多かったため、建物被害が非常に多くなったのです。

さて、遠くの海底で東日本大震災のような巨大地震が起きると、「長周期」の地震波が陸地に到達します。

街中にある数階建ての建造物の固有周期はたいてい1秒以下ですが、首都圏など大都市にある高さ100メートル以上の高層建築物の固有周期は数秒以上になります。先ほどの計算では50階建ての固有周期は5秒です。したがって、遠くからやってくる長周期のユラユラした地震に対して、特異的に反応するというわけです。

実際に東日本大震災では、周期2秒以上のゆっくりとした揺れが遠方で予想外の被害をもたらしました。たとえば、震源から700キロメートル以上も離れた大阪市住之江区の大阪府咲洲(さきしま)庁舎でもエレベーターと内装材に被害が出ました。

ここは震度3しかありませんでしたが、55階建てのビルが長周期の地震に共振したのです。10分もの間ユラユラと揺れ続け、最上階は2・7メートルも横に揺れました。

一方、最大で震度5強の揺れを観測した都心では、超高層ビルがしなるように大きく揺れました。家具が60センチメートルも動いたり転倒したりしたのですが、高い階ほどこうした被害が出やすいこともわかりました。

被害状況を具体的に見てみると、1階と2階では全体の2割で被害が起きたのに対し、11階以上の階では5割に上っています。いま想定されている東海地震に対してもまったく同様で、首都圏の超高層ビルは東日本大震災以上の被害が出る可能性が高いのです。

今回、一定の高さ以上で被害が出やすいという傾向もわかったことから、首都圏で10階以上に住むことはあまり安全ではない、と私は考えています。

さらに、長周期の地震は、大都市圏の海岸沿いにある石油タンクに大きな被害をもたらすことがあります。中身の液体の揺れと地震波が共振して、思わぬ大きな揺れが発生するからです。

これらのタンクの蓋（ふた）（浮き屋根）は、実は落とし蓋のように液体の石油の上に載せられているだけで、茶筒のように固定された蓋ではありません。このタンクの蓋をしている大きな板が側壁にこすられて摩擦熱を発し、石油に引火します。

こうした現象は「スロッシング」と呼ばれますが、石油タンクの火災といった重大事故の原因となります。２００３年の十勝沖地震では、北海道苫小牧市で石油タンクの浮き屋根が3メートルも上下し、石油に引火しました。スロッシングは足もとでの震度は大きくなくても、厳重な注意が必要な例の一つなのです。

免震構造とは

地震の揺れに対する感度は、建物の立っている地盤にも関係します。地盤に対しても揺れやすい周期があり、「卓越周期」と呼ばれています。一般に地下では地盤は深いところほど固く、また浅いほど軟らかいという性質があります。たとえば、表層近くにある地盤が軟らかくて厚いと、長周期の地震に対して反応しやすくなります。

一般に、固い岩盤などの上では卓越周期は1秒以下になることが多いのですが、関東平野、濃尾平野、大阪平野などでは軟らかい地盤が数キロメートルも続いている場所があります。こういう地域では卓越周期が数秒以上となり、長周期のユラユラした地震に備えた対策が重要となってきます。

ここで耐震構造と同じく、マスコミにしばしば登場する「免震構造」についてくわしく述べておきましょう。免震構造とは、地盤が大きく揺れても上にある建物はそれほど揺れないという仕組みのことです。これを子どもが手に持つ風船の例で説明してみましょう。遊園地やテーマパークなどでうれしそうに持っている、ヘリウムで空に浮かせるあの風船です。

いま、風船の糸を手で握っているとします。ここで糸を左右にこきざみに動かしても、風船は動きません。しかし、手をゆっくりと移動させていくと、風船も横に動いていきます。

これと同様に、地面がこきざみに揺れても上の建物が風船のように動かないようにするのが、免震構造の考え方なのです。具体的には、建物の底部にゴムを積み重ねた「積層ゴム」と揺れを抑える「ダンパー」を設置します。いわば揺れを上部に届きにくくする座布団を建物の下に敷くわけです。すなわち、まず防災の基本は建物を壊さない、倒れないようにすることがポイントです。そうすると火災もぐっと減る。だから まず、普段の生活の基本から手当てしないといけないのです。

政府の地震調査研究推進本部が発表した今後30年間に震度6弱以上の揺れに見舞われる可能性がある地域を示したデータがあります。地震防災に関する基礎データのほとんどは、インターネットで公表されています。こうした情報を利用して、身近な場所での対策をぜひ早急に立てていただきたいと思います。

終章　地球や自然とどうつきあうか

ストックからフローの時代へ

欲望を増大させた生き方からの転換

私たち人間の活動はすべて外部から得られるエネルギーによってまかなわれます。よって、人間とエネルギー資源は切っても切れない関係にあります。

エネルギー源として使っている石油と石炭は、いずれも何千万年という途方もなく長い時間をかけて地球上でつくられました。ところが、この200年たらずの間に人類は、こうした化石燃料をものすごいスピードで消費しています。

化石燃料が生成される時間と、我々が使用する時間を比べてみると、驚くべき数字が出てきます。実は、地球が化石エネルギーをつくり出してくれる10万倍もの速さで、人間は使い果たそうとしているのです。

この行きすぎにはすでに誰もが気づいていますが、止めることはまったくできていません。しかし、私はここで欲望を増大させた生き方を根本的に変えるべきだと思います。キーワードは「ストック」と「フロー」です。

ものを抱え込む生活を、ストック型の生活といいます。ストックとは在庫や備蓄を意味する専門用語ですが、持ち家や株券など人が蓄える資産の意味です。現在の資本主義はまさにストックを基に成り立っています。

こうしたストック型の生活からフロー型の生活への転換を提案したいと思います。フローとは流れていくもので、キャッシュ・フロー（現金流量）のように一定期間内に流れた量を指します。このフロー的な考え方は、実はとても地球科学的なのです。

電気やガスに頼りすぎない暮らし方を考える

東日本大震災のあと私は、今後どうすればよいかを具体的に考えました。どれくらい時計の針を前に戻した生活をイメージすればよいのか、具体的に検討してみたのです。取り返しがつかない状況に陥る前に、ストックに依存する生活をやめて、フロー的な生活に戻さなければならないと思ったからです。

私は最初、江戸時代に戻ればよいのではないかと考えました。江戸時代の日本は鎖国をしていたため、ある程度自給自足のフロー的な生活を残していました。食糧も生活品も国内だけで需要と供給のバランスがうまくとれていたのです。

もちろん当時の生活には便利な電気などありません。夜は行灯（あんどん）の光だけで過ごすのです。そのため一日の行動時間は、日が昇ってから暗くなるまでに限られていました。蛇口をひねって水が出てくるわけではないので、水くみ一つをとっても時間と労力がかかります。こうした生活では当然、余剰の時間はありません。人々はこうした時間サイクルの中でも、それなりに豊かに生きていく方策を考えました。

たとえば、江戸時代の人々は「遊び」の時間を生み出すために、さまざまな工夫をしていました。当時の文化が高度に花開いていたことは周知の事実です。

環境的にも文化的にも、江戸時代はちょうどよい加減の時代だったのです。石油や電気を使うばかりが能ではないことを、私たちはこの時代の生き方からもっと学ばなくてはなりません。

しかし、現実問題として、21世紀の私たちにそのような生活はもはやできないでしょう。電気、ガス、上水道、下水道というライフラインがなければ、現代人は生きていけません。さらに、電話やインターネットをはじめとした通信網によって経済活動は維持されています。そのすべてが存在しない生活へ戻ることは、いまとなっては不可能でしょう。

蛇口から水が出てこないどころか、我々の周囲にたくさん井戸はありません。もし首都圏に直下型地震が来たらすぐに想定されることなのですが、水が得られるところは、ほとんど皆無なのです。つまり、現代の大都市には、江戸時代の生活すら得られない状況をつくってしまったのです。

私は江戸時代の生活がエネルギー的にも理想だと思いながらも、ここまで戻るのは無理だと考え直しました。次に、戦前くらいならなんとかならないかと考えました。電灯は点いていましたが、エアコンはありません。しかし、それもまだまだ難しそうです。

そこで私は、40年前くらいまでなら戻れるのではないかと考え始めました。１９８０年代を思い起こしてみると、当時はまだ自然と触れる機会の多い生活をしていました。その頃に暮らしていた人々の知恵を借りればよいのです。

危うい資本主義的フロー

ストック生活のおかげで、物質にあふれた贅沢な生活が始まりました。これは、人為的に欲望が肥大化させられた結果として生じた「豊かな生活」です。現代人がコマーシャリズムによって、どれほど多く必要のない欲望に振り回されているか思いを巡らしてみましょう。

これまで資本主義社会は、大衆による大量消費が支えてきました。たとえ必要がなくても次々と商品を買うことによって、経済が回るのです。ある意味では資金と物資の絶え間ない流れこそが、その本質です。

ある大会社の社長さんが私に語ってくれたエピソードがあります。その会社の製品は世界でも高品質という信頼を得ています。その信用を得るために商品開発には精魂が込められており、信頼の高いものをつくることでおのずと耐久性も上がります。

私はその方に「貴社の製品は長持ちするので好きなのですが、あまり長持ちすると製品が売れなくなりますよね。すると利益が上がらず困りませんか？」と尋ねたことがあります。

その返事には驚きました。「我が社の製品は大変優れていて、耐久年数は20年以上あります。使い続けてもまったく差し支えありません。しかし、製品の品質に何の問題がなくとも、自分が持っているものが〝陳腐(ちんぷ)〟だと思ったときに、お客様は新製品を買ってくださるのです」

つまり、十分に使える商品をつくる一方で、旧製品が陳腐と思われるような新しい機能の付いた製品を、高品質で出し続けるというのです。こうして、その会社は創業以来売り上げを伸ばし続けています。

このシステムは地球科学的なフローではなく、人為的、もしくは資本主義的なフローそのものです。生活で必要なものがすでに充足していても、目先を変えて新たに欲しいものを買い換えさせる。人々の欲望を絶えず刺激する方向へ、すべての経済活動が向かっているのです。

その結果、消費は増大し、経済は右肩上がりを続け、そして資源は枯渇し、地球環境はますます破壊されていくのです。この社長さんは何一つ悪いことをしていませんが、彼の話にどこか違和感を覚えた方は健全だと思います。

次から次へと商品を買い続けることで成り立つ資本主義的フロー。私たちはこの会社の戦略のように、行きすぎた資本主義の間違ったフローに振り回されてきたのです。これに疑問を持たなくなった結果が、電力をはじめとする大量のエネルギーを必要とし、原発など数々の事故へとつながったのです。こうした行きすぎたエネルギー消費は、どこかで抑制しなければならないでしょう。

大量消費経済をより高速で回転させることは、もはや限界に来ています。限度のない欲望に支配された生活では、たとえいくら資源があってもいずれ使い果たしてしまいます。地球科学から見れば、現代の資本主義はその末期的な状況にある、と言っても過言ではないのです。

いまこそ私たちに必要な「発想の転換」

能登半島地震のあと、深刻なインフラの遅れのニュースを目にした方は多いと思います。いまこそ必要なのは、それまで当たり前と思っていた考え方をチェックして、不合理なものは思い切ってやめる「発想の転換」です。

そうした際に役立つキーワードとして「地球科学的フロー」を提案したいと思います。欲望の肥大による無駄な消費を促す資本主義のフローではなく、地球環境にとっても、また人間の体にとっても適切なフローです。

現在の日本社会は、エネルギー問題に関して間違った選択をし始めています。すなわち、自分たちの生活を変えずに、同じだけのエネルギーをどこか別の場所に要求しているのです。右肩上がりをひたすら維持しようとする考え方の表れで、これでは何も問題は解決しません。

いま、話題となっているものの中に、自然・再生可能エネルギーへの転換があります。しかし、実際には、自然・再生可能エネルギーが使えるようになるまでに、別の膨大なエネルギーを必要とすることを、みなさんはどれほどご存じでしょうか。

これはエコカーの代表となっている電気自動車についてもそうです。もし脱石油、脱ガソリンを極端に徹底しようとしたら、蓄電池を用意するために莫大な資源とエネルギーが消費されるのです。

たとえば、巨大な風車をつくるために必要なエネルギーを考えたことはありますか。また、太陽電池をつくるために、どれほどのエネルギーがいるでしょう。さらに、風車が耐久年数を過ぎて処分されるときのエネルギーも考えなければなりません。地熱発電でも、地下から熱水を汲み出す坑井（井戸）は、時間とともに詰まっていくため、新たにいくつも掘り続けなければならないのです。

社会が全体で消費する資源とエネルギーの総量を減らさなければ、本当の解決にはなりません。目先だけを部分的に改善しようとしてもダメだということです。自然・再生可能エネルギーの活用についても、たくさんの落とし穴があります。結局、現代人の高エネルギー消費の生活態度を変えないのであれば、根本的には問題の先送りにしかなりません。

「分散」という知恵

人類が経てきた自然との関わりを振り返ると、今日の地球環境問題は、西洋で始まった「科学革命」の価値観から脱却しなければならないことを教えてくれます。何事も進歩するという考え方にとらわれて物事を決める時代は、すでに終わったのではないでしょうか。

東日本大震災以降、自然を支配する価値観は崩れ去ったように思います。そして地球科学の最先端にいる科学者たちは、新しい視点で地球環境と人類の文明のあり方について多角的に考え始めています。

日本列島は世界有数の「動く大地」ですが、西洋の大地はまったくと言ってもよいほど動きません。一方で私たちの祖先は、日本という変動帯の大地の上で何十万年ものあいだ生きのびてきました。

よって、大地の動かない西洋で生まれた考え方から脱却し、日本列島という変動帯の自然と向き合った生活スタイルが必要なのです。たとえば、「足(た)るを知る」ということ、自分の身の丈に合った生き方をすること、地面が動いても動じない決心が、一番要求されているのかもしれません。

文明の進展に従って、人と富と情報が大都市へ集中し始めました。この集中が何十年も継続し、東京やニューヨークなどのようにメトロポリタンが肥大化しすぎると、思わぬ弊害が生まれます。前にも述べたように、超高層ビルは長周期の地震に対して非常に脆弱なのです。大事なポイントは、人口過密状態に陥った都市の過剰エネルギーをコントロールし、的確に「集中」と「分散」を図ることです。

これまでの章で紹介してきたように、過剰エネルギーを合理的にコントロールしないと、自然災害を極端に増幅させてしまうのです。具体的には、「西日本大震災」が起きる前に、速やかに人口・資産・情報のすべての点で地方へ分散し、少しでもリスクを減らすことです。

人間に限らずそもそも生物は、エネルギーさえ得られれば際限なく増殖するものです。増え続けてある閾値を超えると、その瞬間から集団が崩壊し絶滅に向かうのです。もし放っておかれれば、すべての個体が「集中」する方向に進んでしまうでしょう。

しかし、こうした流れは決して不可避なものではありません。高度な脳を持つ人間は、意識的に「分散」を図ることができます。

　これは地方分権といった行政上の話だけでなく、政治・経済・資源・文化・教育の全分野にわたって必要な行動です。過度の集中の弊害に気づいた時点で、分散を敢行し「リスクヘッジ」を行うのです。それが世界屈指の変動帯、日本列島に住み続ける最大の知恵となるのではないでしょうか。

おわりに――首都直下地震の減災と「知識は力なり」

本書の最後に、もう一度「大地変動の時代」の日本について振り返ってみます。ここまで2011年に発生した東日本大震災以降、日本列島の地下にあるプレートのあちこちにひずみが生じ、その歪みを解消しようと地震が頻発する現象についてくわしく解説しました。

この結果、震災以前に比べて地震は数倍に増えたままの状態が続いています。すなわち、本文でも述べたように、首都圏では今後30年以内にマグニチュード7・3の首都直下地震が高い確率で起きると予想され、2030年代には東日本大震災の10倍規模の災害が想定される南海トラフ巨大地震を控えているのです。

現在と同じ「大地変動の時代」は、1000年ほど前の平安時代にもおとずれたこ

図版おわりに　平安時代と類似する21世紀の地震・火山活動

平安時代（9世紀）		震源	現代（21世紀）	
850年	三宅島噴火		2000年	有珠山、三宅島噴火
863年	越中・越後地震	新潟県中越地方	04年	新潟県中越地震（M6.8）
864年	富士山噴火		09年	浅間山噴火
867年	阿蘇山噴火		11年	新燃岳噴火
869年	貞観地震	宮城県沖	11年	東日本大震災（M9.0）
874年	開聞岳噴火		13年	西之島噴火
			14年	御嶽山、阿蘇山噴火
878年	相模・武蔵地震	関東地方南部	不確定	首都直下地震（M7.3想定）
886年	新島噴火			
887年	仁和地震	南海トラフ	30年代	南海トラフ巨大地震（M9.1想定）

とがあります。第1章でも紹介したように、869年に東日本大震災と同じ震源域で貞観地震が発生し、その後、日本全国で地震が頻発しました（図版おわりに）。

そして9年後の878年にはM7・4の内陸直下地震（相模・武蔵地震）が起きました。これを現在に置き換えてみると、幸い首都直下地震はまだ起きていないわけですが、地下が不安定な状態であることにはまったく変わりありません。

したがって、首都直下地震は明日起きるかもしれないし、数年後に起きるかもしれないのです。いわば我々は激甚災害の「ロシアンルーレット」をしていると言っても過言ではないでしょう。

実際に首都直下地震が起こった場合、国の中央防災会議によれば、冬の夕方6時、震度7の揺れに見舞われる最悪のケースでは、犠牲者2万3000人と想定されています。このうち火災による犠牲者は1万6000人で、全壊・焼失建物61万棟、経済被害95兆円にも上ります。

震度7では、テレビやピアノが壁に激突して人を傷付けるでしょう。また1981年の建築基準法改正以前に建てられた木造住宅の多くは、約10秒で倒壊します。

「おわりに」ではあらためて、本書でお伝えした情報が読者のみなさんの命を救うことになることを訴えたいと思います。17世紀の哲学者フランシス・ベーコンは「知識は力なり」と喝破（かっぱ）しました。その事実は21世紀の現在もまったく変わっていないのです。

「科学の伝道師」の総決算

これまで私は京都大学に着任して以来、30年近く「科学の伝道師」として、地球科学を学生と院生たちに嚙み砕いて解説する活動を続けてきました。京都大学で最先端の研究をするのは当たり前ですが、それだけではなく教育にも一流でなければならないと、使命感を持って若者たちと付き合ってきたのです。その結果、毎年数百人の京大生が「地球科学入門」の講義に詰めかけ、学生たちから「京大人気No.1教授」と呼ばれるようにもなりました。

ここでのモチベーションは、「大地変動の時代」に入ってしまった日本列島で、目の前の若者たちが地震や噴火災害から賢く生きのび、かつ近未来の日本を支えてほしいと考えたからです（鎌田浩毅著『揺れる大地を賢く生きる　京大地球科学教授の最終講義』角川新書を参照）。

また、学生たちだけでなく一般市民に向けてテレビやラジオ、書籍や雑誌の求めに応じてきたのもその一環です。本書はそうした私の人生で大きなウエイトを占めてきた研究と教育の総決算に当たるものと、いささかの自負をしています。こうした日本列島の危機的状況を理解する際に、地球科学を学んでこなかった人にも最後まで読めるように徹底的にわかりやすく記述しました。
今後も日本各地で起こる地震災害の予測に関して、ここに述べた知識は必須となるでしょう。本書が不透明な時代をしなやかに生きのびるために、少しでもお役に立てれば幸いです。

最後になりましたが、SBクリエイティブ・小倉碧さん、編集の加藤有香さんは本書の企画から完成まで多大な力を貸していただき素晴らしい編集をしてくださいました。ここに厚くお礼申し上げます。

エキサイティングに研究を続ける27年目の京都大学の研究室から

鎌田浩毅

【参考文献】
『世界がわかる資源の話』鎌田浩毅（大和書房、2023年）
『知っておきたい地球科学』鎌田浩毅（岩波新書、2022年）
『揺れる大地を賢く生きる』鎌田浩毅（角川新書、2022年）
『地震はなぜ起きる？』鎌田浩毅（岩波ジュニアスタートブックス、2021年）
『新版 一生モノの勉強法』鎌田浩毅（ちくま文庫、2020年）
『富士山噴火と南海トラフ』鎌田浩毅（講談社ブルーバックス、2019年）
『やりなおし高校地学』鎌田浩毅（ちくま新書、2019年）
『座右の古典』鎌田浩毅（ちくま文庫、2018年）
『地球とは何か』鎌田浩毅（サイエンス・アイ新書、2018年）
『理科系の読書術』鎌田浩毅（中公新書、2018年）
『地学ノススメ』鎌田浩毅（講談社ブルーバックス、2017年）
『日本の地下で何が起きているのか』鎌田浩毅（岩波科学ライブラリー、2017年）
『西日本大震災に備えよ』鎌田浩毅（PHP 新書、2015年）
『地震と火山の日本を生きのびる知恵』鎌田浩毅（メディアファクトリー、2012年）
『火山はすごい』鎌田浩毅（PHP 文庫、2015年）
『地学のツボ』鎌田浩毅（ちくまプリマー新書、2009年）
『知的生産な生き方』鎌田浩毅（東洋経済新報社、2009年）
『世界がわかる理系の名著』鎌田浩毅（文春新書、2009年）
『マグマの地球科学』鎌田浩毅（中公新書、2008年）
『火山噴火』鎌田浩毅（岩波新書、2007年）
『地球は火山がつくった』鎌田浩毅（岩波ジュニア新書、2004年）
『生物から見た世界』ユクスキュル・クリサート・日高 敏隆（岩波文庫、2005年）
『科学の方法』中谷宇吉郎（岩波新書、1958年）

索引

（太字のページ数は図版を表す。その他は本文中の語句）

著者略歴

鎌田浩毅（かまた・ひろき）

1955年生まれ。筑波大学附属駒場高校を経て東京大学理学部地学科卒業。通産省（現・経済産業省）を経て1997年より京都大学大学院人間・環境学研究科教授。2021年より京都大学名誉教授、2023年より京都大学経営管理大学院客員教授、龍谷大学客員教授。理学博士（東京大学）。専門は地球科学・火山学・科学教育。テレビや講演会で科学を明快に解説する「科学の伝道師」。数百人の学生が講義に詰めかけた「京大人気 No.1教授」。著書に『知っておきたい地球科学』『火山噴火』（岩波新書）、『地球の歴史』（中公新書）、『富士山噴火と南海トラフ』『地学ノススメ』（ブルーバックス）、『京大人気講義 生き抜くための地震学』（ちくま新書）など。週刊「エコノミスト」に『鎌田浩毅の役に立つ地学』を連載中。YouTube「京都大学最終講義」は107万回以上再生中。

SB新書　654

首都直下　南海トラフ地震に備えよ

2024年5月15日　初版第1刷発行
2024年5月21日　初版第2刷発行

著　者　鎌田浩毅
発行者　出井貴完
発行所　SBクリエイティブ株式会社
〒105-0001　東京都港区虎ノ門2-2-1
装　丁　杉山健太郎
図　版　株式会社三協美術
DTP　株式会社キャップス
編　集　加藤有香
印刷・製本　中央精版印刷株式会社

本書をお読みになったご意見・ご感想を下記URL、
または左記QRコードよりお寄せください。
https://isbn2.sbcr.jp/26600/

ISBN　978-4-8156-2660-0